U0191837

HOME: Interior Design and Decorating

小宅 空间设计与软装搭配

林揆沛 主编

辽宁科学技术出版社
·沈阳·

30 m²
~
40 m²

40 ㎡

~

50 ㎡

50 ㎡

~

60 ㎡

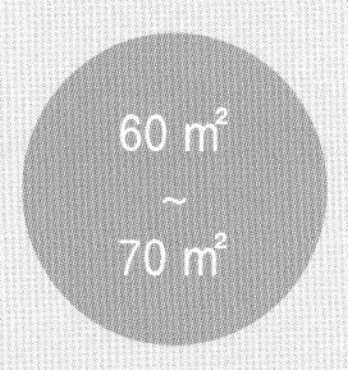
60 m²
~
70 m²

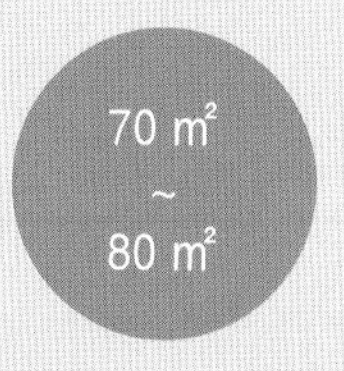
70 m²
~
80 m²

浅谈小户型住宅的设计策略

文：林揆沛， Sim-Plex 设计工作室

窗台之家手绘概念图

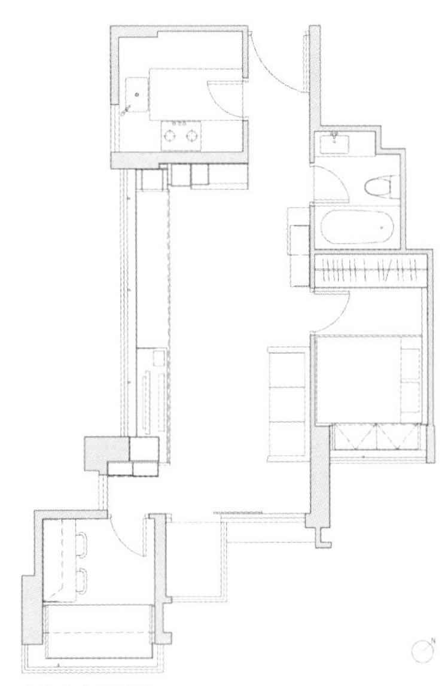

窗台之家平面图

香港以摩天大楼和繁华的城市景观而闻名。在城市密集的背景下，我们做出了很多具有适应性和复杂性的创意住宅设计。我们精通建筑和艺术，在设计中可以考虑到小空间设计所需要的每一种可能性。

我在九龙城的一间旧的唐楼里住了很多年。长时间生活在狭小空间的经历迫使我去探索扩展有限空间的可能性。对于我来说，设计一个小空间比设计一个大的空间更困难，因为必须思考和创造很多空间场景来寻求扩大空间的最佳方案。设计的过程会花费很多时间，但是最终的结果是令人满意的。

下面与大家分享一下我对于小户型住宅设计策略的一些思考和观点。

1. 生活的无界限性

不仅缺乏空间，还有缺乏对空间的想象力，是全世界都普遍存在的现象。我和我的合作伙伴们工作的核心理念就是在有限的空间里创造无限的可能性，丰富我们的生活环境。

2. 在简单中寻求复杂性

最初，人们对于居住空间的要求是很简单的。我们要做的是在简单的生活细节中寻找自然性和恰当的复杂性，或者去寻求空间的转换。通过对居住者生活方式的研究之后，我们开始在有限的空间中发挥想象力，寻找一切可以拓展空间的可能性。这也是我们公司名字“Sim-Plex”的由来——“在简单中寻求复杂”。

3. 艺术、设计和生活空间之间的模糊性

艺术打开了我们对于生活的想象力。自从 1984 年彼得・伯格提出了“先锋品位理论”之后，人们有了更加强烈的信念：艺术不应该局限于画廊而脱离了生活。通过实践重新定义了艺术、设计和生活空间之间的平衡点。我在做建筑师一段时间之后，又去学习了两年美术，并且获得硕士学位。我对于将艺术限制在展厅内，或者将其定义为“被参观的艺术品”的做法感到失望。我认为真正的前卫是应该将艺术作品从物理位置的局限中，或者“艺术作品”这种心态中解放出来。因此，我们在设计的项目中不断地寻找着艺术与生活之间的平衡点。

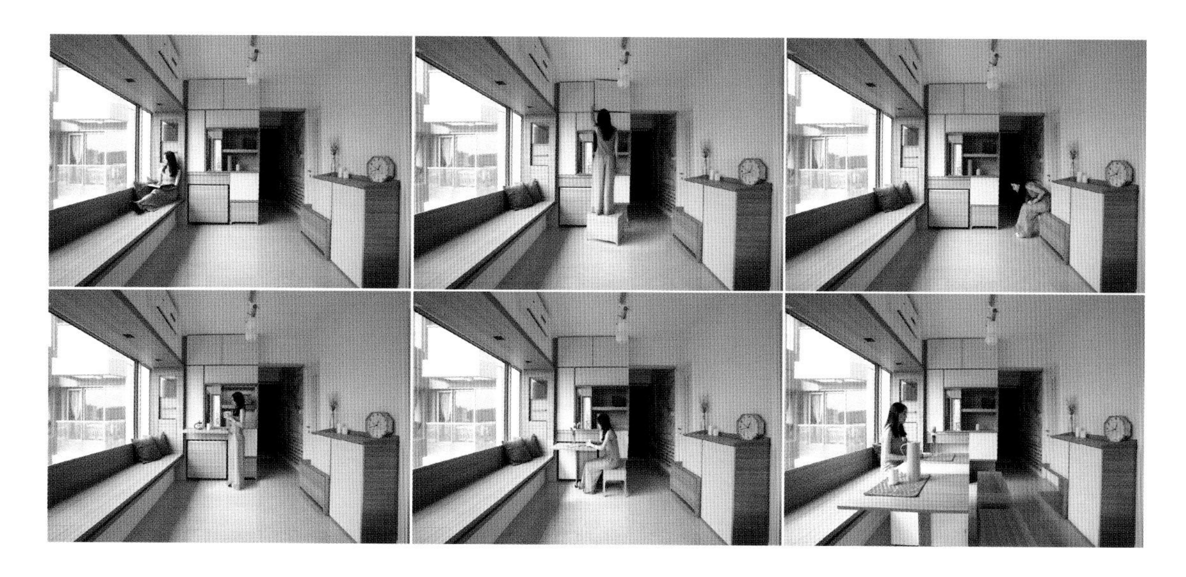

窗台之家客厅空间细节设计

4. 解构与重建

不要拘泥于每个空间和家具本来的样子，要解构每个单独的部分，通过分析和融合，用新的设计重构空间。例如，餐桌不是一个独立的个体，而是与橱柜和其他存储空间以及椅子相互搭配的。这样就可以对家具进行重新的解构和重构。

5. 地域特色与独特性

设计是根据每个项目的地域特色和业主需求量身定制的，因此，每个项目都有其独特性。例如，我们在为老旧的唐楼改造设计时，会尝试研究公寓的旧楼梯和大堂的材料，这会对室内设计有一定的启发，同时创造了一种室内与室外的融合与衔接。

6. 诗意、意象和讲故事

常规的生活方式限制了我们的想象力。我们会对项目的每一个部分进行深入的研究，包括其背景、历史、客户、地理位置等，并且抓住一条思路，形成一个故事的主线。以这种讲故事的方式进行项目设计，可以创造出一种融合自然风光的诗意，同时将这种意向注入我们的生活。

7. 空间最大化设计

微型公寓在香港很常见，因为这里的空间很珍贵。因此，存储空间变得越来越重要。如何巧妙地设计存储空间呢？空间是宝贵的，我们设计的使命是节约每一个空间，实现空间的最大化利用。在我们设计的很多项目中，都会利用存储平台和天花板来创造额外的存储空间。

8. 生活空间的转换与选择

为了最大化地利用生活空间，可以将灵活性融入空间设计中，这是通过实践证明的一种有效方式。有很多种方法可以开发建筑空间的潜力，但我们更愿意采用可转换空间或者使用可扩展家具，它们可以在需要时发挥另一种功能，这也有助于创造空间的灵活性和自由性。

关于小户型的设计思考

文：遥千，朴居空间设计研究室

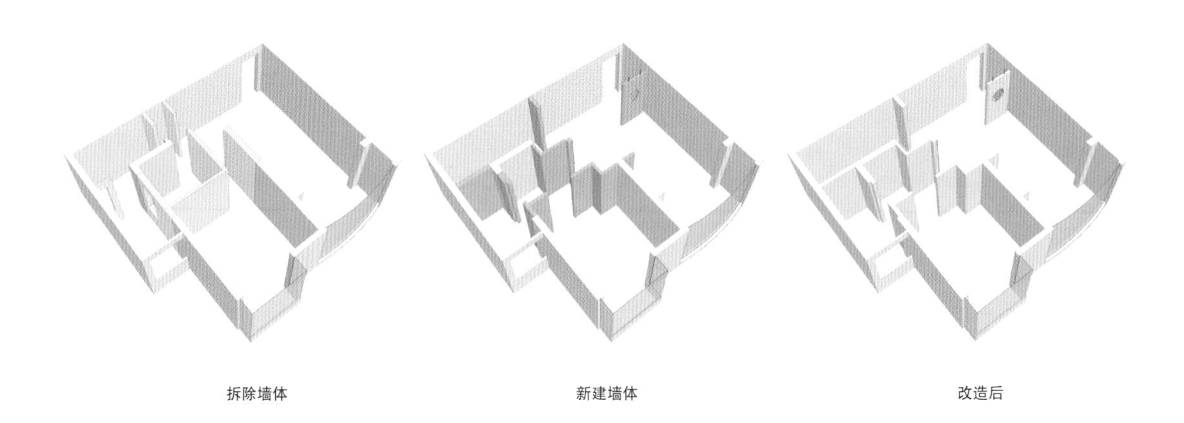

拆除墙体　　　　新建墙体　　　　改造后

空间越小，思考的空间物理边界越小，而设计思维的空间则需越大。因为面积不大，可能常规的一些设计技法或者空间逻辑未必适用，在设计领域的近 10 年实践，我或多或少对于空间的处理有了一点自己的经验。以下做几点分享。

一、空间设计的思考逻辑

1. 空间的空间性

不管对于多大的空间，首先要明白我们从事的是空间设计（三维设计），而不是二维的平面设计。所以在拿到一个空间时，我首先要了解空间的层高。层高越高，空间层面的研究会越深，当然也会更难。而这更应该是小户型设计时必须关注的。

2. 空间的建筑性

我更愿意称好的室内设计师为空间建筑师。一个项目，不管是住宅还是商业空间，不管是 30 平方米还是 30000 平方米，一定要告诉自己：我们在设计一个“宇宙”。用建筑的思维去思考空间的构成，设计的多维性上将比单纯的装饰要高好几阶。

3. 空间的功能性

对我而言，空间的最重要一点就是功能。虽然我并不是纯粹的功能主义者，但是比较舒适的空间确实是好空间的首要前提。功能第一，舒适第二。

4. 空间的性格

人类学会建造房屋之前生活在洞里，每个人的第一个“屋”是母亲的子宫，所以这两种类型的家我觉得只是满足了我们比较基础的功能。所以人类并不是生而就对屋子的空间的要求那么高，我们每个人的适应性都非常强。所以我不认为纯粹的功能或者舒适主义是我做设计要去追求的。在满足了基础的功能和舒适之后，我更愿意谈及空间的性格。

5. 空间的精神

如果性格是一个空间的个性，那精神就是一个空间的灵魂。就像写文章，你必须围绕一个主题来写，所以主题必须在做设计前要思考好。比如你想表达的观点是：人活着充满矛盾。那空间里的设计语言和符号等可能最终都要形成这种表达。

都市中、繁华里项目设计，在空间规划上，设计师将原本布局打破，预留了单人沙发位的同时将用餐区与休息区布置在一起，而由此被释放的空间则做成了工作区和工作阳台。

以上这五点是我个人平时思考的设计逻辑，可能有点晦涩，可能是我还没有特别好的设计能力完成以上五点，所以表述的并不那么流畅且清楚。但是确实是我的思考逻辑，这套逻辑真的很难。

二、空间设计的战术手法

如果以上五点是空间设计“战略”层面的研究，接下去说一些比较容易让普通读者读懂的，在设计上思考的一些“战术”手法。

1. 细节

西方有一句谚语：上帝存在于细节之中。

细节是什么？细节是你进家门听到的开门的吱吱声、是拖鞋摩擦地板的声音、是手触摸门拉手的温度、是材料与材料之间过渡的方式、是灯光色温的大小、是砖表面的反射度、是窗帘的透光率……对于小空间而言，去除一切没有必要存在的装饰细节至关重要。

2. 光

我们追求空间里要有“光”的语言。光是照亮一些物质的必要条件，光是构成空间的重要元素，光也是希望和温度的源。小空间对于光的应用尽量可以设计辅助光、暗藏光。避免使用过多的吊灯、吸顶灯等明装的灯具。我们需要的是光，而不是灯。

3. 材料

我认为材料对于空间的构成并不是最重要的。所以对于小空间而言也不会有专门适合用在小空间内的材料。常规的建议可能就是使用一些反射性高一点的大理石、镜子等。但是我并不完全赞同，材料不应该是限制设计师的屏障，所有的材料都可以用在小空间内。但是我个人认为，重点就是材料的出样是为了更好的体现空间，构筑空间，而不仅仅是装饰。

对于小空间，我认为没有特定的法则。好的设计本来就不该是标准的。材料、布局，风格、家具配色这些所有的空间元素都应该指向空间的该呈现的性格以及空间主人对于生活品质的追求。

小空间，大视野——浅谈紧凑型公寓设计

文：索尔·克鲁曼斯（Sjuul Cluitmans），赫伦建筑事务所（Heren 5 architects）

紧凑型公寓设计

1. 设计灵感与紧凑的生活

在我看来，如果说有某种类型的格局可以将小型住宅营造出最宽敞的氛围，那便是阁楼式设计。这种设计源于工业建筑，具有其独特的特质，并不真正适合标准化住宅的设计。当其应用于工业建筑的翻新项目中，可以看到很多细节，如钢柱或钢梁，高高的屋顶，或者大大的钢制窗框。其他特质还包括其管道设置的方位或者方向。最近几年，我们作为建筑师，亲眼见证了小型紧凑型公寓不断增长的趋势。因为越来越多的人想住在城市中，所以城市的居住环境变得越来越密集。我们也经常迫不得已去建造一些小户型的房子，来保证人们能够买得起房子，并且在不断发展的城市中可以建造更多的房子。

在我们看来，只要房子周围的基础设施条件好，你也可以在一个紧凑的小房子里住得非常舒适。举个例子：如果你居住的空间格局很紧凑，那么视野一定要很好。如果空间不足，没有地方放置洗衣机，那么周围就应该有专门的设施，例如洗衣房或者自助洗衣店，未来人们还可以像这样共用更多的设备。最重要的一点是，可以建立一种最佳的邻里关系和促进社会可持续发展。作为建筑师，我们应该关注建筑中人们之间的关系以及他们与周围环境的联系。

集体观念是设计这种小户型住宅的关键。就像在我们设计的 3G 公寓里，我们的客户和他的母亲和女儿一起住在一个公共住宅小区里：他们都有自己的私人住宅，但又共同住在一栋大楼里。

2. 空间布局设计

从社交层面上来讲，我们还必须使设计更加灵活，这样就可以适应不断变化的项目需求。在过去，将办公楼改造成公寓或者阁楼的设计并不常见。但非常幸运的是我们现在看到了一种趋势，就是建筑的设计越来越灵活，那么也使项目改造或者格局的转换变得非常容易。

在我们设计的 3G 阁楼项目中，其生活品质并非来自原有的工业风格建筑，而是体现在我们重新设计的全新格局中，并得益于其所处的最佳地理方位——紧邻大运河；以及比标准住宅高出很多的大落地窗。因此，我们最大化地开辟了建筑的视野，这意味着我们在

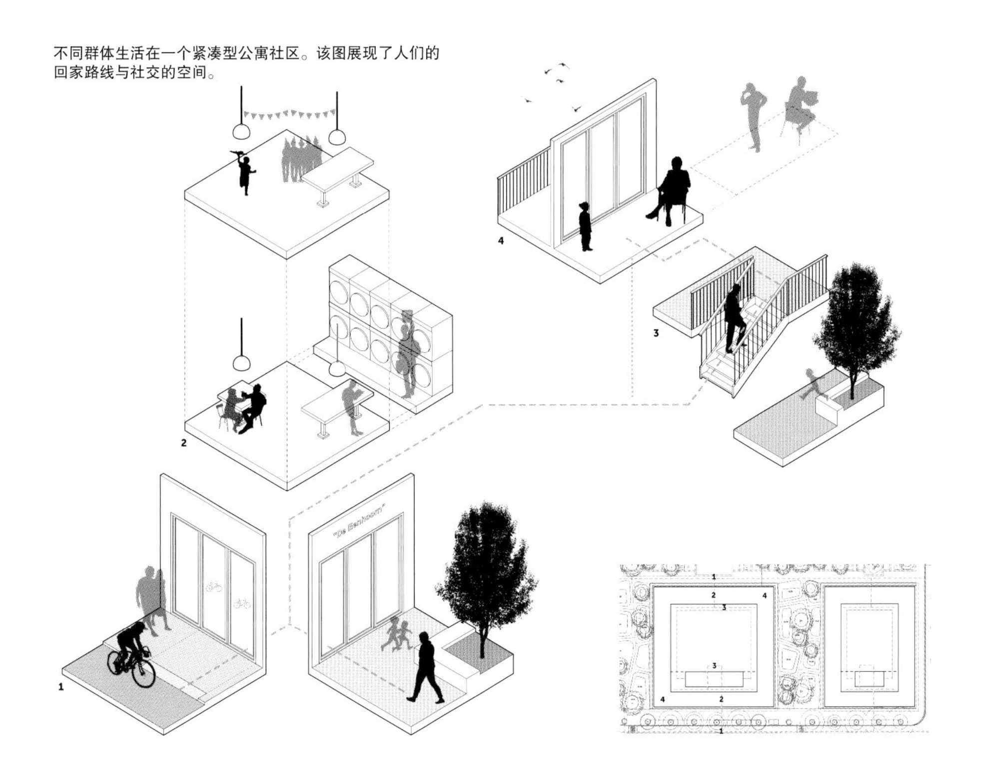

不同群体生活在一个紧凑型公寓社区。该图展现了人们的回家路线与社交的空间。

规划中必须将住宅的所有功能区整合到房间的后部。为了将卧室、厨房、浴室和储藏室整合在一起，我们设计了一件功能强大的家具，可以将所有功能容纳其中。

3. 技术与孤独感

随着科技的不断进步，当人们习惯了舒适的环境时，也存在着会增加孤独感的风险。在这个过程中，你可能会失去自己作为社区一分子的感觉，这也是为什么我们坚持认为未来的建筑环境要保持良好邻里关系，创造一种良好的社交结构，可以建造混合型的住宅（年轻人和老年人，全家人和单身的个体）。要做到这一点，就需要在设计过程中始终考虑到住宅中的公共空间，或者建立一个强大的社会结构，例如，可以设计一个几代人一起生活的生活空间和居住模式。

4. 风格和色彩

在 3G 阁楼设计中，我们选择了现代风格，以及清新明亮的材料和颜色，并且利用金刚石打磨边缘细节，也是设计的独特之处。选择这种永恒的风格确保阁楼可以适合几代人的居住，并且这种光滑整洁的基础设计有利于未来对其进行改造。项目使用的材料是浅色的天然桦木与白色的可丽耐大理石，可以使小阁楼显得尽可能宽敞。

5. 家具和装饰

人的某些基本需求不会随着时间而改变。我们希望能够通过具有触感的材料装饰来打造一个具有个性化的空间。我们想在家里寻找一份安宁，但最重要的是还要与周围环境建立一种和谐的联系。

在空间的规划布局上具有很大的灵活性，并选择了智能化的家具。我们选择了由室内设计师保罗・蒂莫（Paul Timmer）设计和制造的桌子，使空间具有品质性。选择尽量少的家具和装饰，以保证公寓的空间质量。并在墙壁上设置了大量的存储空间和壁橱，从而保留一个大的生活空间。

HOME: Interior Design and Decorating

小宅空间设计与软装搭配

30 m^2
~
40 m^2

- 利用新建夹层增加空间面积
- 利用木制模块增加储物空间
- 利用装备墙承载多种功能，合理规划空间
- 利用分层与重叠使不同功能共存于一个空间
- 利用推拉门划分空间，改变空间功能

30 m² ~ 40 m²

容

——利用新建夹层来解决挑高公寓面积小的问题

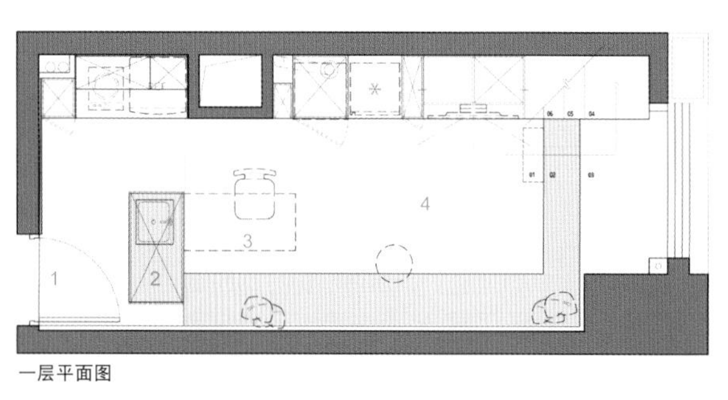

一层平面图

二层平面图

1. 入口
2. 岛台
3. 餐厅区
4. 客厅
5. 卧室
6. 浴室

项目地点：中国，江苏，南京
完成时间：2017 年
建筑面积：30 平方米
设计单位：云行空间建筑设计
主创设计师：潘天云
摄影师：王海华
主材：木饰面、瓷砖、地板、乳胶漆

设计理念

空间所传达的温和细腻气质，是许多人在陌生都市中寻求“容身之处”的梦，摒弃浮华与烦躁，回归质朴与自然，拥抱生活，保有自我。在既有的空间条件下，设计师决定模糊空间界限，取消封闭间隔，以人的活动定义功能。容，容纳 – 功能收纳之必须；容易 – 生活方便之必须；容质 – 精神气质之必须。

空间布局

本案实用面积 18 平方米，层高 4.5 米。0.6 米高的飘窗作为空调机位，0.9 米 ×0.7 米的管道井紧邻侧墙。设计师以新建夹层的处理方式来解决挑高公寓居所面积小的普遍问题，并利用管道井突出的厚度实现厨房、楼梯、储物、衣柜等实用功能，飘窗则作为楼梯的中转平台。

一层以两个体块解决功能和形式的问题。进户框架体作为空间主体，既有岛台功能也是空间界定；L 形木台由岛台延伸，至窗边转折，包含了收纳空间同时也是客餐固定卡座，结合飘窗作为台阶踏步。二层分卧室和洗浴区，以雾面玻璃区隔，引入自然光线。

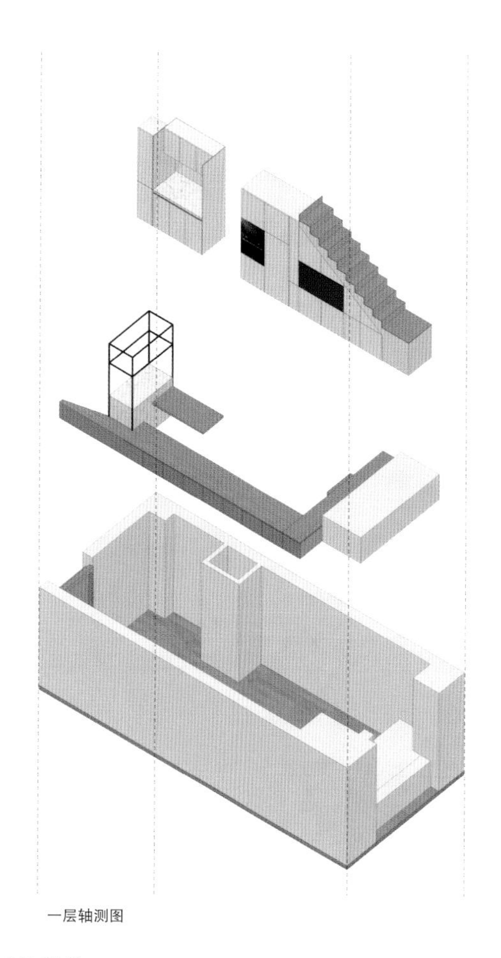

一层轴测图

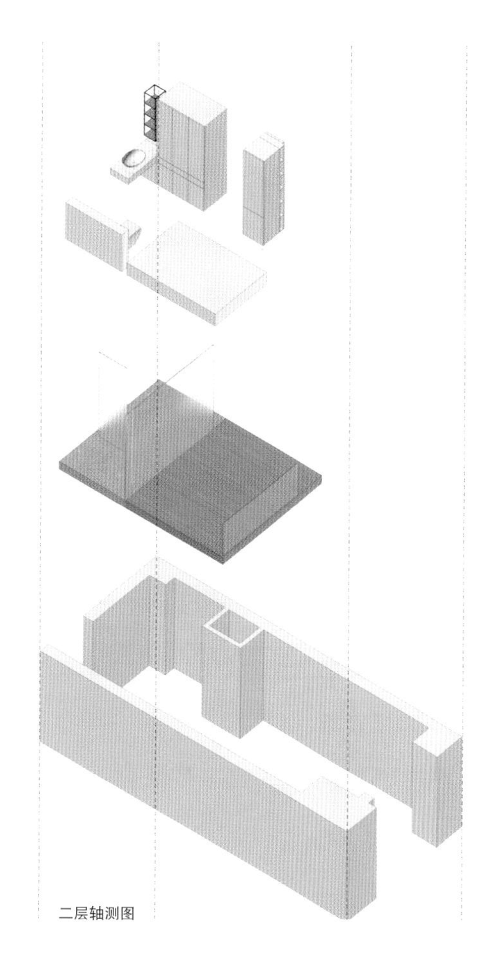

二层轴测图

原始结构

原始结构是一个长方体的大盒子。业主要求：1. 房子面积不大，但功能要齐全。由于现在跟父母一起居住，这个房子不是业主夫妇的主要居住空间，但他们想要有自己的独立空间，这里将成为他们的私人乐园。2. 不用开火做饭、洗衣晾晒，但是需要水槽，用来洗水果，要有冰箱，但不要外露在外面。3. 需要有强大的储藏空间作为储备衣帽间，可以把现在家里的一些衣服带过来。4. 要通透感强一些，满足多人聚会的要求。5. 卫生间要比较舒适，女主会在卫生间化妆，所以希望台盆在无水区。6. 采光一定要好，虽然是挑高户型但是层高也不是很高，所以千万不要压抑。7. 不知道空调问题怎么解决。

解决方案

一楼平面布置

1. 将原本的卫生间墙体全部拆除，将卫生间放置到二楼。2. 因为不需要做饭和晾晒，所以抛弃了厨房与阳台空间。这样一楼就成了一个大通间，设计师把水槽柜放置到进门位置，形成了一个岛台区域，同时也充当入户玄关。3. 针对储物空间，设计师做了很多的思考，空间小东西多，储物空间就一定要足够。所以他们将餐厅卡座、沙发、飘窗台、台阶融合在一起。将活动家具改成固定家具，柜体部分全部可以储物。4. 空间完全通透，功能融合之后，很多空间就都可以公用了，全屋空间中，卡座、飘窗台、楼梯都是可以坐人的，充分满足了多人聚会的要求。

二楼平面布置

5. 卫生间区域设计的时候是很费脑子的，因为要做干湿分离，空间又太小，最后选择了马桶与淋浴共用一个空间，将台盆隔离开。6. 因为房子的面积确实很小，针对通透性的改造，首先并没有做满隔，而是选择部分挑空，看似有点浪费面积，实则换得了敞亮通透的空间体验。7. 业主一开始一直想要隔出完整的两层，后来设计师将结构改造后一台风管机就解决了空调的问题。

岛台

1.2 米 ×0.6 米的岛台，是柜体，也是空间的屏障。黑色钢架支撑起玻璃，既通透又实用。镜子是增大空间的利器，边角镜让空间有一定的视觉延伸。

餐厅和客厅

LOFT 空间橱柜区的墙面瓷砖完全可用烤漆玻璃替代。实木餐桌面搭配玻璃桌腿，虚实对比，“悬浮”的桌子也增添了空间的意趣。餐桌为现场制作，实木桌板在淘宝购置，玻璃是单独定制，现场组装，节省成本。

为了增加卡座的舒适性，设计师刻意把深度增加到 55 厘米，冬天时可以铺上垫子，放上靠枕，懒洋洋地靠着墙，享受美好时光。通高纱帘，配置电动马达方便开合。卡座背后的整条灯带强化了空间的层次感。线形灯丰富空间造型。

透过玻璃，客厅若隐若现。上层俯视下层客厅，客厅层次鲜明。

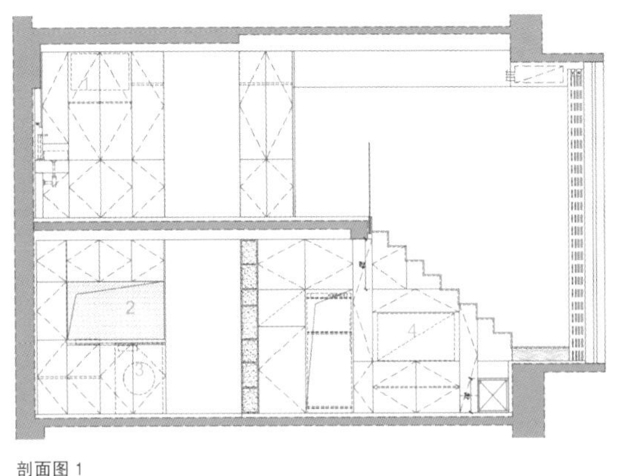

剖面图 1

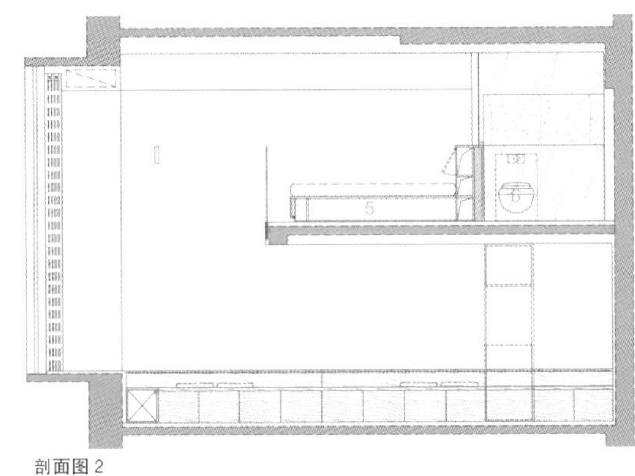

剖面图 2

1. 热水器
2. 电磁炉
3. 洗衣机
4. 电视
5. 床
6. 马桶

二层卧室

二层卧室整体色调统一在白色，由于空间限制，许多家具都选择了现场制作，量体裁衣。卧室的床是现场制作的，考虑到透气性，做了排骨架的设计。卧室床头做了收纳处理，可以随手放一些小东西。

二层卫生间

二层的卫生间墙面以灰砖为主，转折过来是白色砖，凹进去的部分刚好可以放置一些卫浴用品。卫生间的台盆用钢架焊制，面层用了白色大理石。浴室镜外飘，镜子下端做了灯带。

莫斯科 33 平方米公寓

——利用木制模块组合打造紧凑多功能小公寓

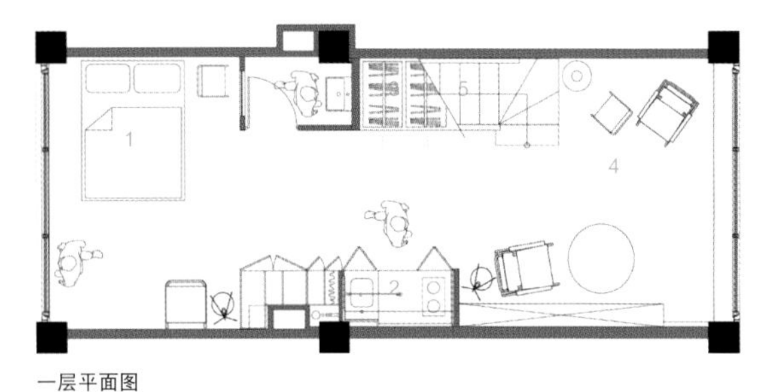

一层平面图

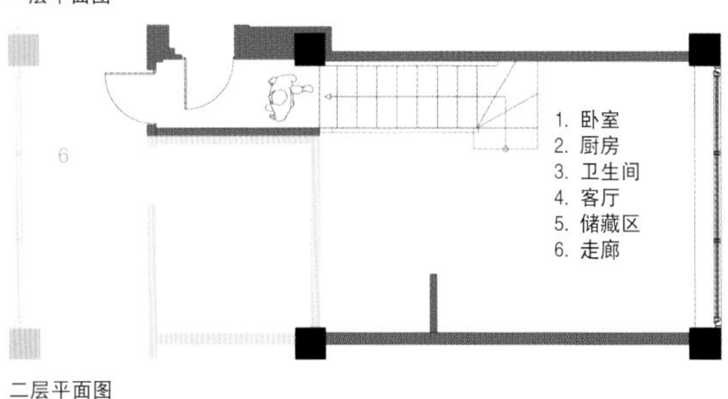

二层平面图

设计背景

该公寓位于莫斯科市中心的一座历史悠久的房子里。该项目是为一位单身男士设计的，他想将自己 33 平方米的小公寓进行升级改造，这个房间中所有的设施都需要升级以满足现代人们的需求。

项目地点：俄罗斯，莫斯科
完成时间：2017 年
项目面积：33 平方米
设计公司：巴津设计工作室（Studio Bazi）
主创设计师：阿里赞·内马蒂（Alireza Nemati）
摄影：波莉娜·波鲁蒂娜（Polina Poludkina）
主材：橡木、瓷砖

设计理念

利用一个个木制模块完美地组合在一起，将厨房和洗衣房、书架、可推拉的衣柜和收纳间，完美地嵌入这个公寓中。

书架是沿着厨房模块和窗户之间整面墙设置的。为了不给开窗造成阻碍，在墙面和窗户的交叉处对书架的结构做了进一步的处理，可以在这里挂两把椅子，方便来客人时使用。由于原来墙壁已经变得老旧不能承受很大的负荷，在书架结构中嵌入了不锈钢支架，以支撑书架及书的重量。

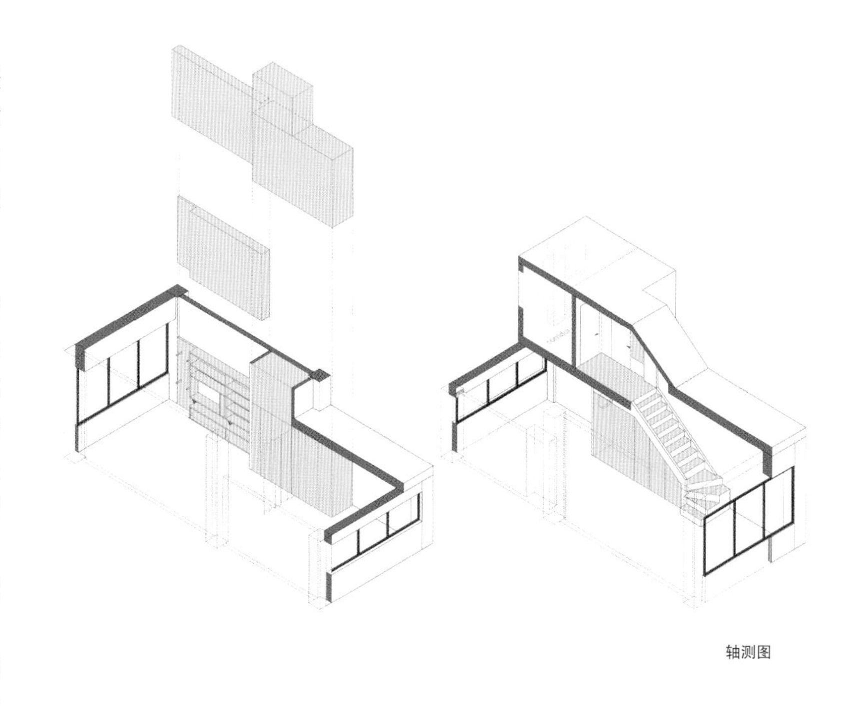
轴测图

橡木制的模块中设置的是厨房，将其隐藏在折叠门后面，这样可以创造足够的储存空间，满足客户的一切需求，包括带有通风设备的蔬菜存储间、餐盘架、可拉出的桌子和冰箱。厨房旁边是放洗衣机的柜子，里面放置着各种清洁和洗衣用品。在这个区域设置了一个挡帘，将卧室和浴室与起居室分开，使其看起来更加舒适，更加具有私密性。设计师利用产品设计知识，将厨房的每一个元素进行了合理的设计和组合。

小浴室里有一扇圆形的窗户，可以看到街道的景色，使其更加具有开阔性。在淋浴间旁边的楼梯下嵌入了一排白色的可推拉的组合衣柜。这套公寓中使用的家具大多是 20 世纪 30 年代设计的。

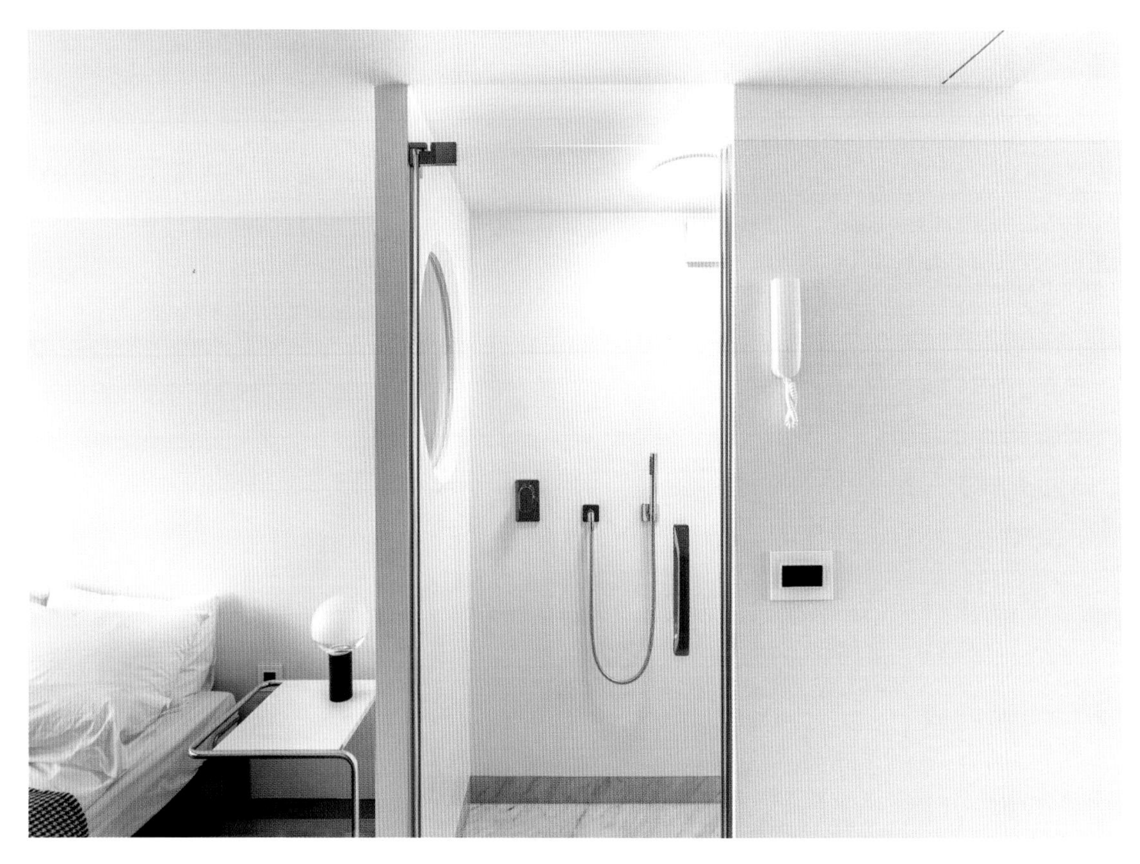

30 m² ~ 40 m²

35 平方米的设计师之家

——具有多功能储物空间的温馨小公寓

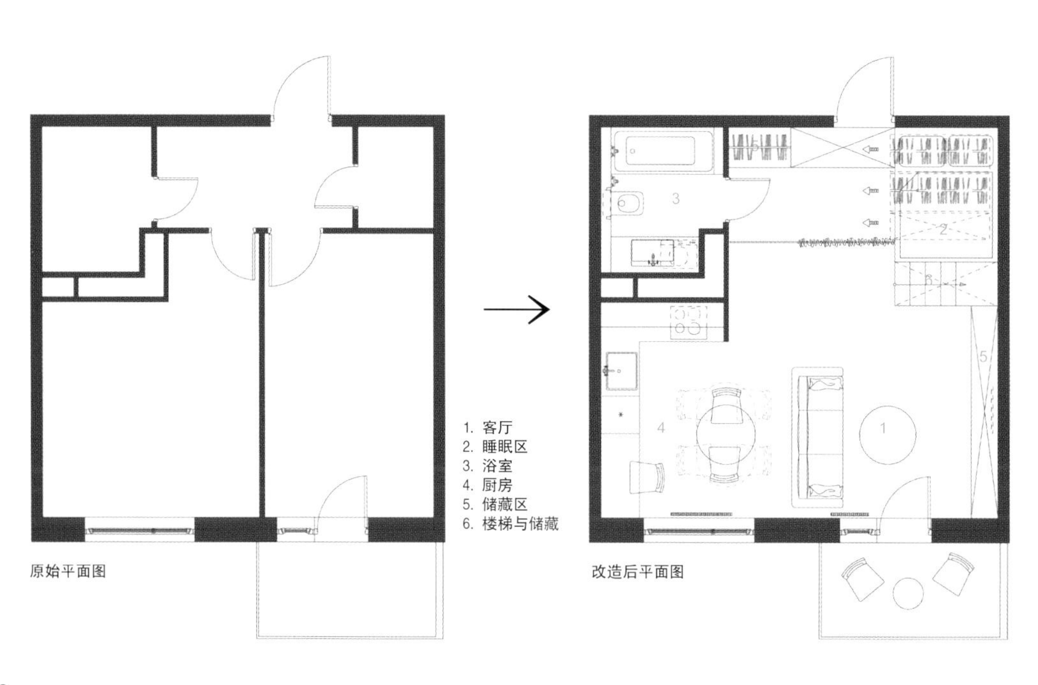

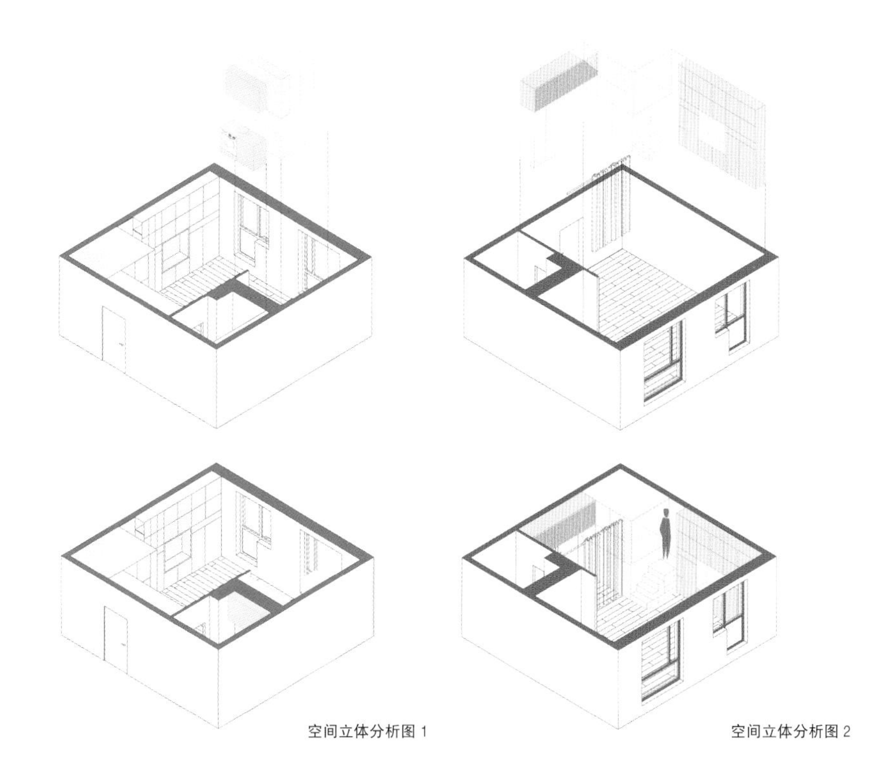

空间立体分析图 1

空间立体分析图 2

设计背景

这是为一对年轻设计师夫妇设计的小公寓。设计的主要任务是创造一个舒适的开放空间，既要设置足够的储物空间，又要尽可能多地接受自然光的照射。

设计理念

设计师决定设计一个可以充分利用现有空间的家具系统。他设计了一个带有存储功能的木制睡眠箱，既可以在一定程度上保证私密性，又可以将位于公寓角落的睡眠区与另一侧的厨房和生活区域分隔开。整个公寓的视野非常好，在睡眠箱内部也可以透过窗户看到外面景色，这也使其成为一个非常安逸的地方。

项目地点：俄罗斯，莫斯科
完成时间：2015 年
项目面积：35 平方米
设计公司：巴津设计工作室（Studio Bazi）
主创设计师：阿里赞・内马蒂（Alireza Nemati）
摄影：伊利娅・伊万诺夫（Ilya Ivanov）
主材：橡木、瓷砖

通向睡眠箱的楼梯高度适宜，可以让站在上面的人感到很舒适，同时还在楼梯里面设置了储物空间。在睡眠箱下面有三个可滑动的架子，可以放置大型家电。这个家具系统中还设置了梳妆台、抽屉和衣柜。在入口处，衣柜上方的架子与睡眠箱相连接，为箱子内部创建了一个迷你的存储空间。

睡眠箱体内部采用了浅色的松木板，因为木制材料可以使内部环境显得更加温馨，并且看起来可以与其他区域区分开。在睡眠区，厨房及起居区与入口之间用帘子隔开，可以根据需要拉开。

起居和用餐区的设置非常灵活，可以通过移动沙发和可延伸餐桌，很容易地将其变成一个可容纳 10 位客人的舒适空间。居住者具有伊朗血统，所以在厨房中使用了伊朗手工瓷砖。

由于浴室空间很小，设计师决定使用贝克品牌的蜡染瓷砖，因为这种类型瓷砖的纹理和凹凸感可以使其看起来更复杂，并具有舒适感，同时也可以让空间显得更大。带有蓝色纹理的瓷砖就像一幅画，还可以在洗澡时欣赏它。

30 m² ~ 40 m²

里维埃拉小屋
——引入航海文化和帆船内部结构，完美划分功能空间和储物空间

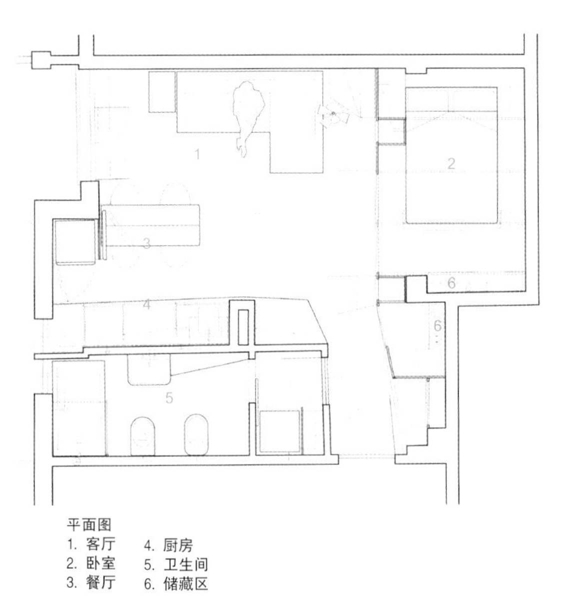

平面图
1. 客厅
2. 卧室
3. 餐厅
4. 厨房
5. 卫生间
6. 储藏区

设计背景

这是对利古里亚沿海小镇的一套小公寓的改造项目。客户的要求是将这个 35 平方米的空间结构重新划分和组织，将生活起居区和睡眠区分隔开。

项目地点：意大利，利古里亚
完成时间：2017 年
项目面积：35 平方米
设计公司：LLABB
主创设计师：卢卡·斯卡杜拉（Luca Scardulla），费德里科·罗比亚诺（Federico Robbiano）
合作团队：多特·比阿特丽斯·比奥拉（Dott. Beatrice Piola），多特·弗洛利亚·布鲁索内（Dott. Floria Bruzzone）
摄影：LLABB

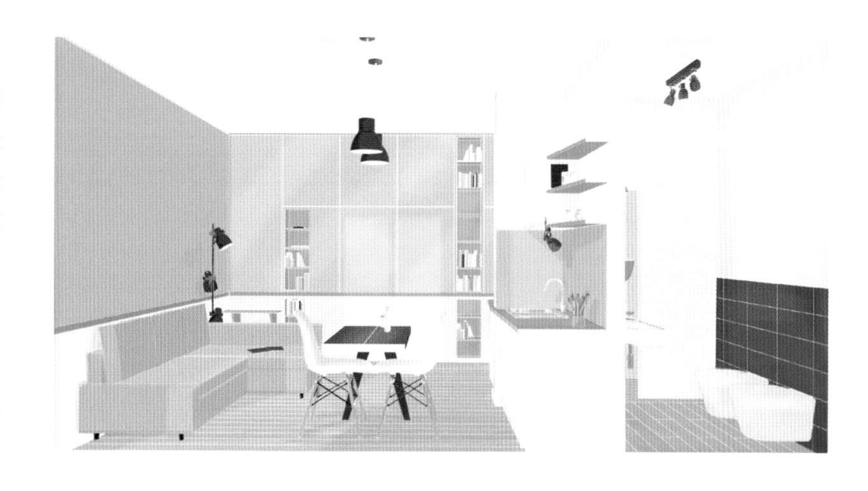

设计理念

将航海文化（该地区的明显特色）作为该项目改造的基础。帆船内部对于最小空间的有效利用及优化的存储空间设置是该项目设计理念的灵感来源。

在空间中设置了一面“装备墙”，承载了公寓内部的各种功能。它像一条指引之路，将访客从入口带

入公寓的核心区域——客厅区。在门厅处的墙面上设置了一个小的技术间和房间的主要存储空间。

再往里面走是一个小的更衣间（壁橱），在这里你可以做短暂的停留，开始美好的一天。继续向前走就会到达起居区，这里就像一个开放的广场。睡眠区域包括两层，可以俯瞰起居区。主卧室可以通过两个门进入，它的内部由木制的肋状结构相连接，犹如鲸鱼的胸腔内部结构。它也像一间小木屋，包含了最基本的元素，一个双人床和最基本的储物空间。

剖面图

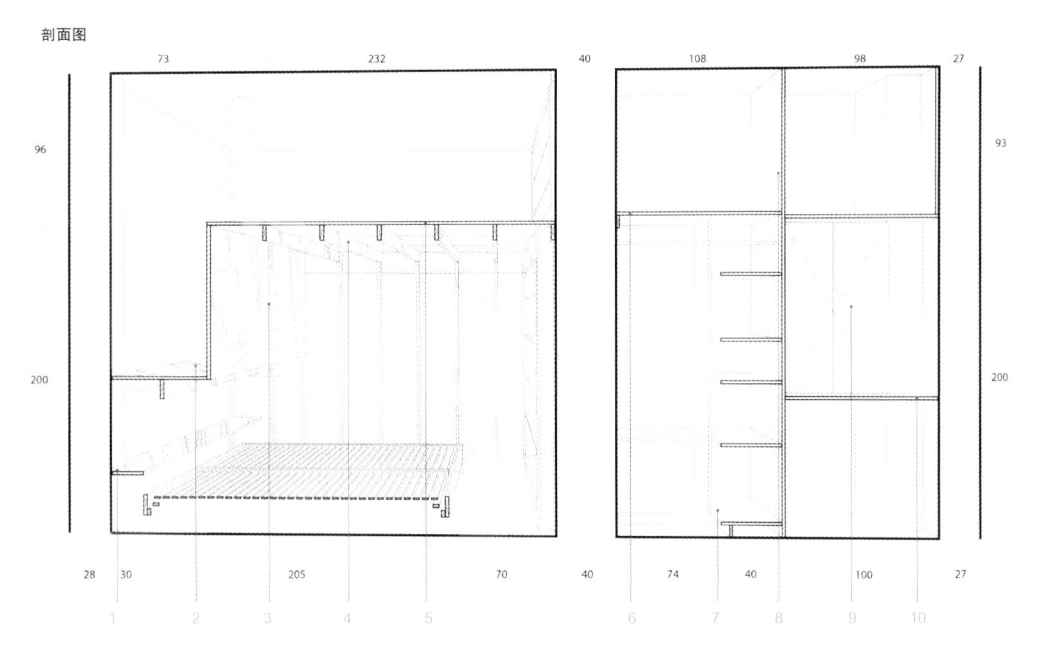

1. 18 毫米厚的奥古曼胶合板架子，表面涂有透明水印
2. 18 毫米厚的奥古曼胶合板，表面涂有透明水印
3. 25 毫米厚的奥古曼胶合板，表面涂有透明水印
4. 25 毫米厚的奥古曼胶合板梁，表面涂有透明水印
5. 19 毫米厚的中密度纤维板，表面涂有白色染色水磁漆
6. 19 毫米厚的中密度纤维板，表面涂有透明水印
7. 19 毫米厚的中密度纤维板架子，表面涂有透明水印
8. 25 毫米厚的奥古曼胶合板竖板，表面涂有透明水印
9. 19 毫米厚的中密度纤维板门
10. 18 毫米厚的奥古曼胶合板架子，表面涂有透明水印

在墙的末端有一个小门，通过这个小门，爬上一段比较陡楼梯就可以来到第二个休息区。这里设置了一个开口，让光能够照进这个小空间，也可以把它想象成一个可以俯瞰起居区的小窗。

墙面是由船用胶合板制成的，以白色和蓝色作为主色调，中间用一条线分隔开，犹如一条船的吃水线，从入口处一直延伸到整个公寓内部。厨房位于线的最末端，就像一个扬起的船帆一样微微展开。

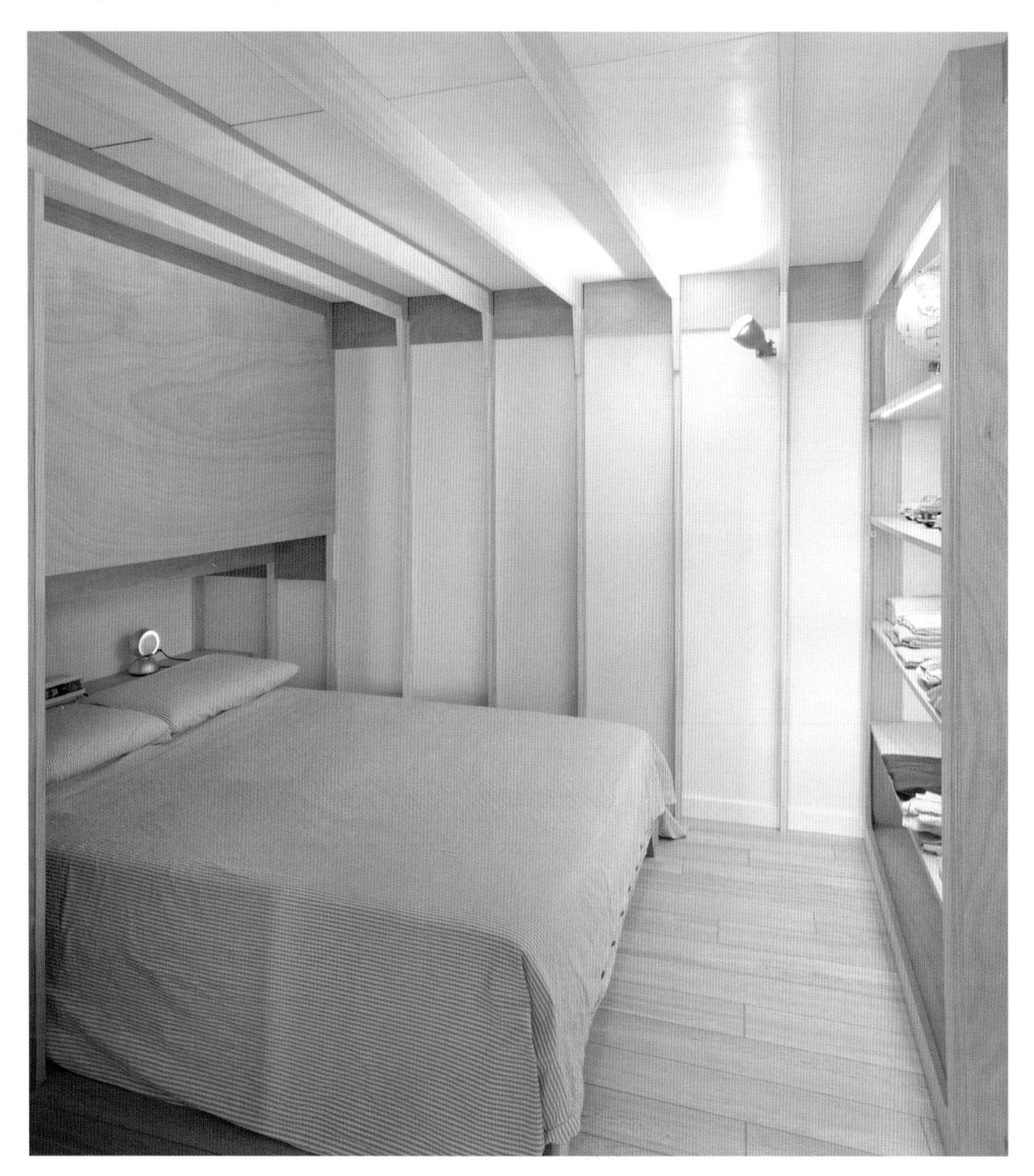

30 m²
~
40 m²

35 平方米街区小公寓

——分层和重叠是小空间规划的关键，不同的功能可以共存于一个空间

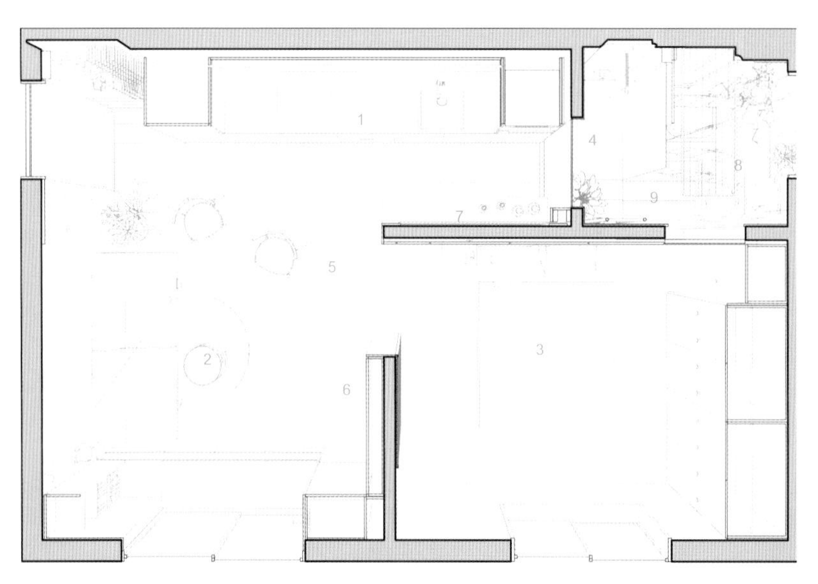

平面图
1. 厨房
2. 客厅
3. 卧室
4. 浴室
5. 就餐区（拉出）
6. 工作区
7. 吧台
8. 绿墙
9. 晾干区

设计背景

这是一个街区公寓翻新的项目，要对一个 20 世纪 70 年代 35 平方米的一居小公寓进行空间改造和翻新。

项目地点：澳大利亚，里奇蒙
完成时间：2018 年
项目面积：35 平方米
设计公司：蔡氏设计（Tsai Design）
主创设计师：杰克·陈
摄影：泰丝·凯丽（Tess Kelly）
主材：瓷砖、木材、石砖、壁纸

设计理念

该设计响应了小户型改造运动风潮，设计质疑了现代的一次性文化和过度消费的生活方式。

现实条件分析

项目原来是一套一居室的公寓，是 20 世纪 70 年代的步梯公寓 12 个单元中的一间。传统的天花板高 2.4 米，没有厨房，布局尴尬，浴室是唯一一个带有朝北开窗的空间，没有户外空间。

设计目标

该设计的目标是给这间被忽略已久的房屋注入新的生机。要在这个现有结构和服务设施存在很大局限性的空间中进行改造，为房屋居住者（也是一位建筑师）打造一个灵活又宽敞的起居空间和办公空间。

解决方案

设计方案直接打破了原有空间的局限性。在浴室和厨房之间开了一个窗，这样可以将浴室照射进来的阳光引入到厨房，满足厨房光线的需要。窗户上采用了一层可切换的防窥膜，只需按下按钮，玻璃就会变成磨砂模式，使浴室变成一个私密空间。

为打造一种室外空间感，将浴室的色彩重新进行了设计和搭配。利用苔藓覆盖主墙，与各种盆栽植物叠加形成一面特色绿墙，这也是你进入公寓后直接进入视线的位置，可以让你立刻感受到来自绿色大自然的问候。

为了使空间更显奢华和开阔，设计师在功能区的分配比例上做了改变，将一个 4 平方米的厨房插入到公寓中，这也是这间公寓改造的主要特点。

分层和重叠设计是小空间规划的关键，两个不同的功能可以在不同的时间共存于一个空间。这就需要木工在细节之处进行仔细打磨，使两个功能之间可以灵活过渡，例如可以打造一个可滑出的餐桌。

材料的色彩搭配

首先要采用一种简单的材料颜色作为主色调，可以给人一种轻松和平静的感觉，不会给人带来很大的视觉冲击感。该公寓选用主要材料是木材，所有的木材饰面搭配协调，给人带来一种连续性。从木制地板、木制墙面，到天花板，各种材料的结合形成一种新的建筑语言，犹如在公寓中嵌入了一个木盒子。

公寓其他部分都采用了简单的白色作为背景，包括白色的墙壁，白色的天花板与白色的橱柜相互搭配。在传统的榻榻米地面上铺设了一块银蓝色的编织地垫，注入一些现代的气息，给整个空间带来一种柔和感。

30 m²
~
40 m²

涉谷公寓 402

——利用推拉门划分空间，改变空间功能，打造身心放松的迷人空间

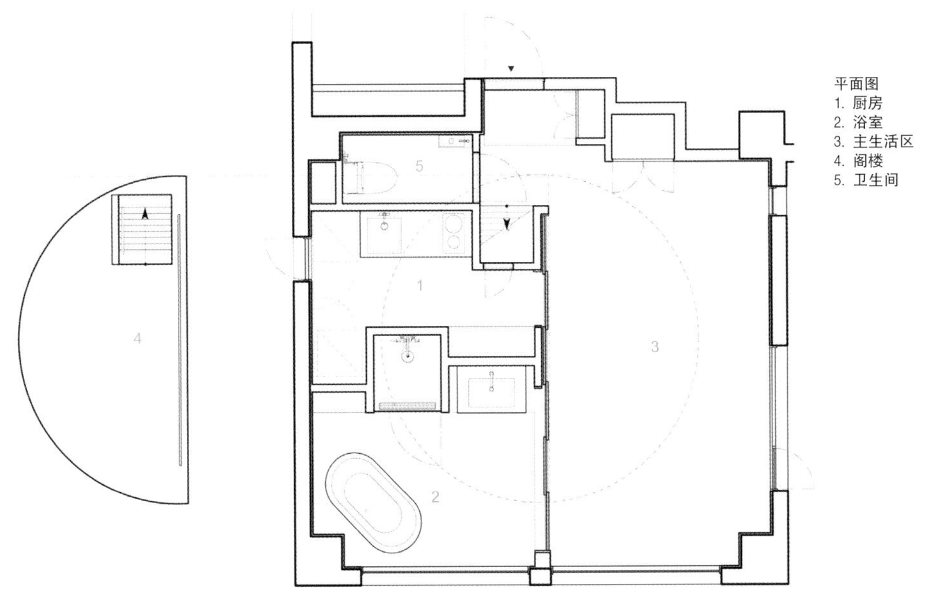

设计背景

这是一栋钢筋混凝土建筑中的一间房间，该建筑位于涉谷和大观山之间的居民区内，设计师们要对其进行翻新改造，将其打造成一间独一无二的迷人空间，是你在其他地方看不到的独特设计。

项目地点：日本，东京
完成时间：2017 年
项目面积：34.41m²
设计公司：小川都市建筑设计事务所（Hiroyuki Ogawa Architects Inc）
主创设计师：小川裕之
摄影：大泷格（Kaku Ohtaki）
主材：木头、瓷砖

设计理念

该房间面积为 34.41 平方米，有一个圆顶天花板。空间分为两个部分，一边配有主浴室、厨房和盥洗室；另一边是主生活区，配有高高的天花板。在主浴室和厨房的上方还有一个阁楼。

在主浴室和厨房与主卧室之间用一排推拉门隔开，通过拉门的控制可以将空间变成一个大的浴室或者一个宽敞的餐厅。在这间开放式的浴室中有一个大的玻璃窗，可以让充足的光线射入室内。当你将拉门打开，使其与主卧室相连，就会把这里变成一间宽敞明亮的生活起居室，你可以在这里看书、看电影、喝茶，这也是这个房间的独特功能和特点。

主房间和杂物间之间的拉门是使用天然纹理的木材制造的，可以使整个空间显得更加温馨。杂物间的外墙使用的是灰泥，可以柔和地扩散室外的光线。包括杂物间在内的所有房间的地面都铺设了瓷砖，使整个空间更加协调统一，也显得更加宽敞。

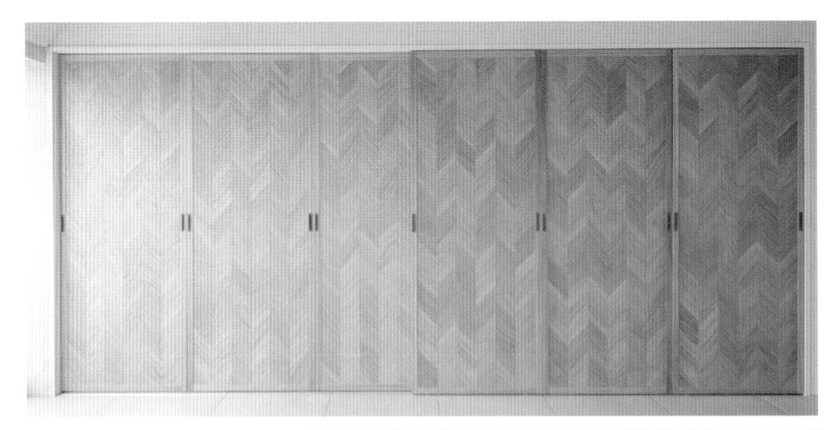

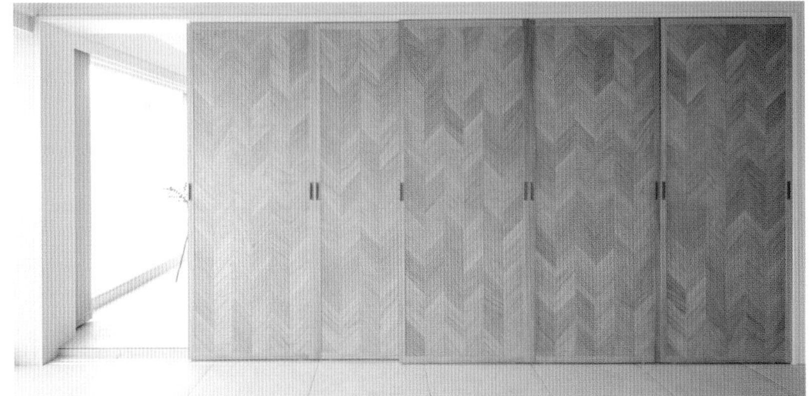

从涉谷中心的任何娱乐区步行回家都只需十分钟，回到家迎接你的是一间宽敞的开放浴室，可以在浴缸里洗去一天的疲惫。这个设计的目标就是打造一个可以使你的精神和身体都可以得到放松的空间。

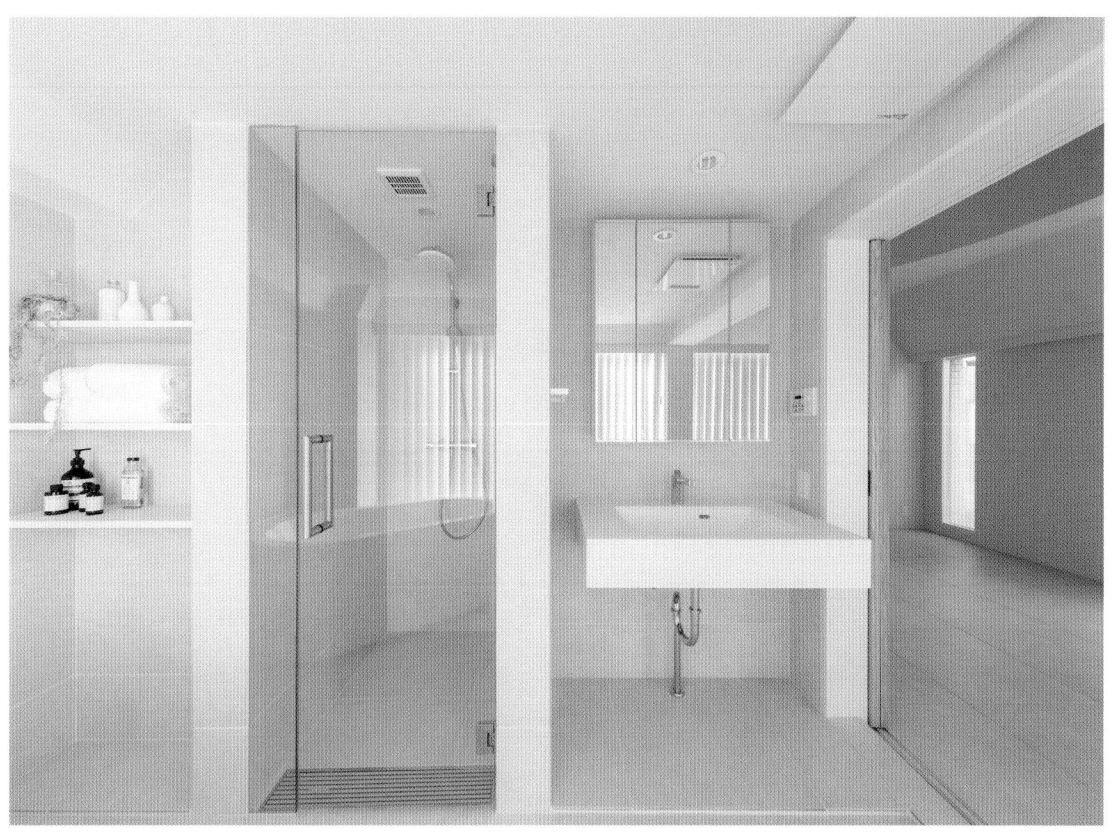

30 ㎡
~
40 ㎡

BB 501 公寓

——充满自然气息和读书氛围的白色空间

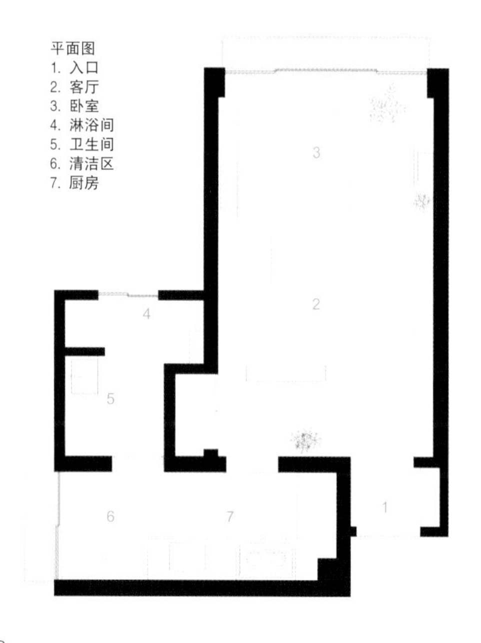

设计背景

该项目位于中国重庆郊区，是一个五层公寓中的一个单间。客户喜欢读书和大自然，他们想要一个以白色为主色调的美丽空间，里面种着各种各样的植物，摆放各种书籍和家具。

项目地点：中国，重庆
完成时间：2017 年
项目面积：36 平方米
设计公司：JAM 设计
主创设计师：村田纯
摄影：村田纯
主材：灰色瓷砖、浅灰色石头

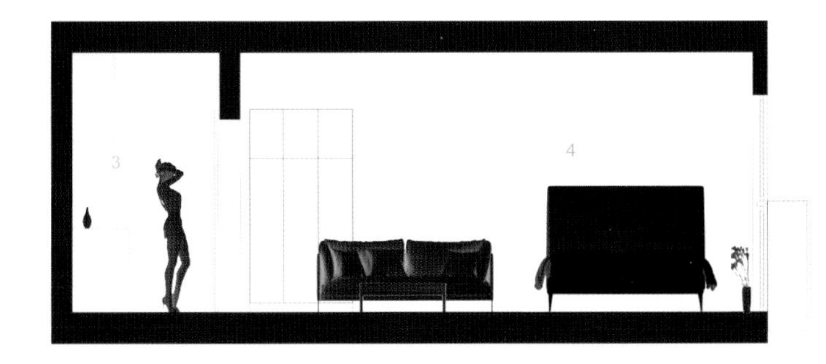

设计理念

要在一个 36 平方米的空间中对客厅、卧室、厨房、卫生间和储藏室进行合理规划，必须在功能性和有效性上做合理的安排。另外，设计师对材料和纹理也做了精心的选择和搭配。柔和的自然光透过磨砂玻璃和透明窗帘照射进来，天花板和墙壁都刷上了亚光白漆，这样可以更好地利用自然光线，使空间更加开阔。

地面采用了灰色的瓷砖，上面带有浅色条纹。厨房和浴室也采用了同样的颜色和材料，这样就会使空间看上去更加和谐统一，没有太多的分离感。

房间内还设置了一个五米长的浅灰色石质台面，上面可以摆放一些干花和杂物。这个石台非常结实，也可以用作阅读长椅。石台的上面设置了一个架子，可以摆放一些书籍和小物件。这个架子有一个微妙的设计，在正面看不到里面的隔板，所以从两侧都可以使用。

厨房采用了同样的石质台面，可以摆放各种厨房用品，它与洗衣机和冰箱相连接。客户拥有的一些旧家具，与这个空间非常完美地融合在一起。

HOME: Interior Design and Decorating

小宅空间设计与软装搭配

40 m²

~

50 m²

- 打破原有隔墙，创造空间连续性和流动性
- 创造环形活动动线，打造开放空间
- 利用转换和堆叠设计，打造紧凑空间
- 利用透明隔断打造通透的开阔空间
- 创造共享空间，打造多种储藏功能
- 利用“功能盒”与空间旋转扩大空间感

40 m²
~
50 m²

都市海滨小屋

——融入海洋主题元素，打造空间连续性和流动性

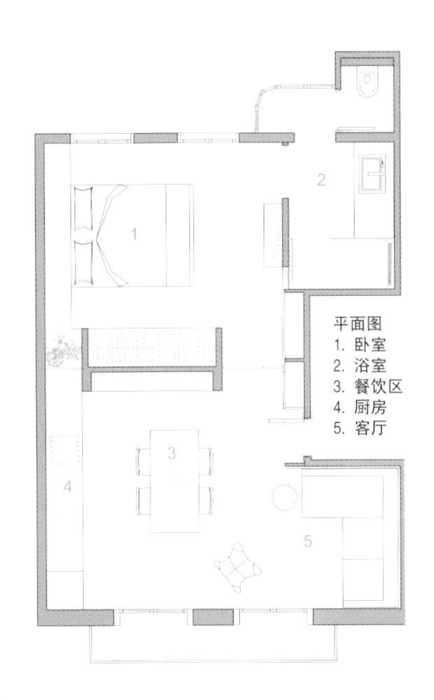

设计背景

这个海滩吸引了很多地产投资商，他们想把这里打造成一个旅游胜地，同时也是相爱的年轻夫妇为之心动和向往的场所。这是雅克和汉内斯的小屋，位于巴塞罗那海滩上一个传统的渔民社区中心里。设计师试图在这个 40 平方米的小空间中打造一个具有巴塞罗那人生活方式的空间，将其打造成一个温馨私密的夏季度假小屋。

项目地点：西班牙，巴塞罗那
完成时间：2016 年
项目面积：40 平方米
设计公司：伊格塞塔设计公司（Egue y Seta）
摄影：威酷摄影（VICUGO FOTO）
主材：天然栎木、液压砖、灰泥、白瓷砖

设计理念

40 平方米对于两个人来说，空间已经足够了。两名居住者可以在这里度过两个月的夏季时光。空间优化从来没有坏处。因此，居住者想要将这里重新布局，拆除旧卧室、厨房、浴室和走廊的墙壁，打造三个独立的但看起来又连在一起的空间。

空间布局

在第一个空间中有一个餐厅，一侧是开放式的线性厨房，另一侧是舒适的客厅。餐厅面向两个大的阳台，玻璃窗的对面是一排装饰精美的储物柜，框架使用的是铁木工艺和玻璃隔板，上面摆放一些绿色植物，为空间增加自然气息，给位于另一侧的卧室提供了一定的私密性，同时也有利于自然通风和自然光线的射入。

在私人空间部分，同样的储物柜打造成两倍的深度，就变成了衣橱，采用推拉门，大面积采用白漆，可以反射从窗户射进来的自然光。卧室中不可或缺的

双人床位于中心位置，上面悬挂着精美的吊灯，床头部分是专门定制的，可以用做储物箱、床头柜，同时它也是一个装饰架。床的正前方摆放电视，可以在下雨天不想出去的时候看。室内空间还采取了一种比较特别的设计，浴室和卧室之间采用了玻璃门，在卧室可以看到淋浴间，可以给人一种更加宽敞的感觉，中间采用了拉帘，可以自由选择空间的开敞与私密性。

家具和材料的选择

这些玻璃窗可以通过拉帘控制，有时明亮，有时模糊，但这不是保证空间流动性的唯一元素。材料饰面和涂料的选择也在一定程度上影响了各个房间之间的视觉连续性。虽然已经尽量减少使用了，但是还是大量存在着一些在海滨公寓和老渔民居住区中比较常见的海洋主题元素，例如一些墙面上和一些装饰性的家具上就采用了蓝绿色，这个颜色从客厅延续到浴室，一直到卧室，贯穿了整个空间。同样，地面采用了液压马赛克瓷砖和栎木拼花地板，自由地拼接，为公共空间和私密空间划出界线。

同时，两个空间采用了统一的家具和小装饰，增强了空间的连续性，尽管针对特定的空间做了相应的修改，也可以保证色彩和材料属性的一致。另外，为了适应整个空间，采用了裸露的天花板，将横梁和传统裸泥砌块制成的加泰罗尼亚拱顶完全暴露在外面。天花板下面摆放了各种必要的小装置，包括可以接受自然光照射的裸露砖墙，悬挂在卧室和餐厅里的装饰性吊灯。空间的设置有利于空气流通，可以让人在房间的每个角落都可以感受到全年皆宜的温度。在这里，你可以和朋友们一起面朝大海，共进晚餐，享用餐后甜点，小酌一杯。

所以现在你知道了，如果在未来某个阳光明媚的下午，你碰巧遇到一对幸福的夫妇，手拉手走在巴塞罗那狭窄的街道上，他们很可能是汉内斯和雅克，刚好在海滩上待了一天后回家。打个招呼吧，他们非常友好，很可能会邀请你共进晚餐！

40 m²
~
50 m²

布尔什维克小公寓

——为年轻女孩量身打造的具有趣味性的舒适小空间

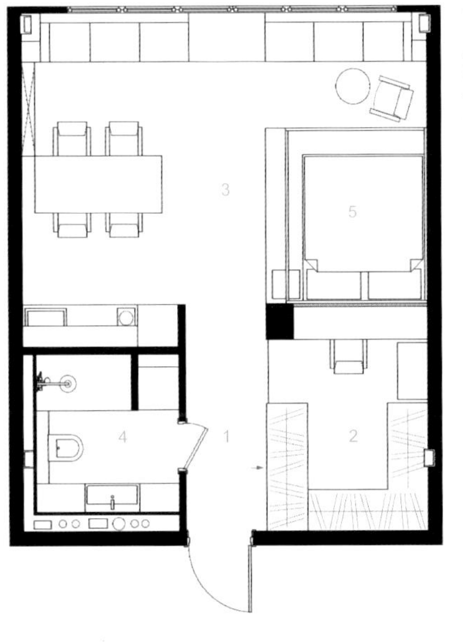

平面图
1. 门厅
2. 衣帽间
3. 客厅
4. 浴室
5. 卧室

设计背景

客户是一名年轻女孩，她需要一个适合阅读，可以摆放书籍的空间，并不需要太多的装饰。厨房小而紧凑，只需要一些最基础的设施，因为女主人不做饭。

项目地点：俄罗斯，莫斯科
完成时间：2018 年
项目面积：40 平方米
设计公司：卡特尔设计公司（Cartelle Design）
设计团队：丹尼斯·克拉科夫（Denis Krasikov）、阿纳斯塔西娅·斯塔克娃（Anastasia Struchkova）、玛丽娜·特洛伊（Marina Tsoy）
摄影：卡特尔设计公司（Cartelle Design）
主材：砖、水泥、镶木地板

NE ANOTHER
ME TO SPEND WITH EACH OTHER
SE AND THANK YOU
ERYTHING ONCE
VE FUN
THE WAY YOU WANT TO BE TREATED
NEW MEMORIES
HAT YOU LOVE
S TELL THE TRUTH
BLESSINGS
PLAY HARDER
YOU'RE SORRY

1

设计理念

公寓原来没有隔断。重新规划的首要任务是，一方面要创建便捷的区域划分，另一方面要创造出宽敞明亮的氛围。因此，在主卧室和衣帽间之间设置了一个金属框架的开窗，可以让自然光射入，也可以保证两个空间视觉上的连续性。在衣帽间还设置了一个小而舒适的工作区。

储物空间

衣帽间有两个宽敞的柜子，用于存放衣物和鞋子。走廊里还有一个壁橱。窗台下面设置了一个长的架子可以摆放书籍，窗台本身也被设计成可以休息和阅读的地方。

装饰元素

墙面采用了装饰砖，灰泥和灰漆进行装饰。地板采用了镶木地板。床采用了明亮的黄色，打破了整个空间单调的色彩，成为具有视觉冲击力的主要元素。另外一个吸引人眼球的元素是一幅熊猫的海报，可以为室内营造一种轻松的氛围，同时具有一种讽刺意味，这也体现了女主人的气质和喜好。大部分的家具和装置都是根据设计团队的图纸手工制作的。

CANDLE

40 m²
~
50 m²

宠物的乐园

——通过空间布局打造宠物的活动空间，同时实现隐私与交流之间的平衡

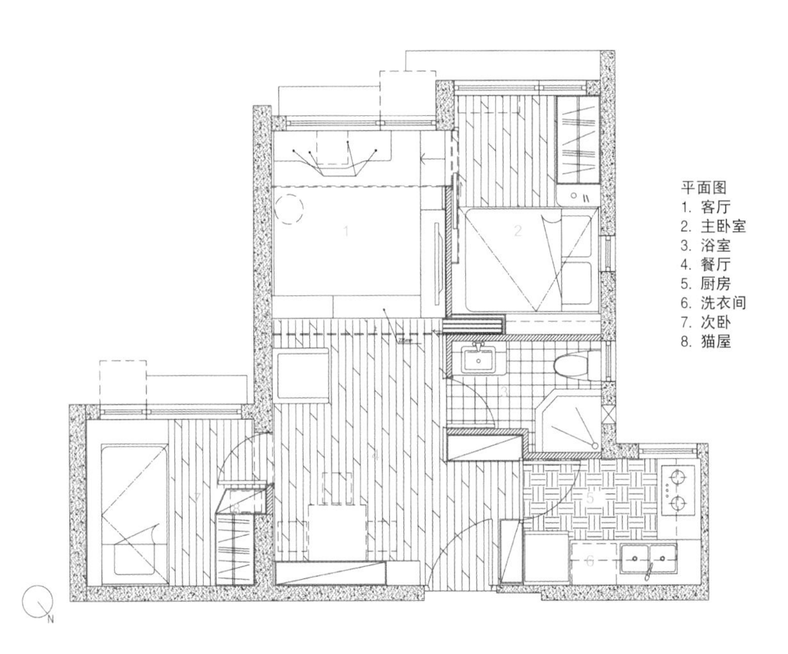

平面图
1. 客厅
2. 主卧室
3. 浴室
4. 餐厅
5. 厨房
6. 洗衣间
7. 次卧
8. 猫屋

项目面积：中国，香港
完成时间：2019 年
项目面积：42 平方米
设计公司：Sim-Plex 设计工作室
主创设计师：林揆沛（Patrick Lam）
摄影：林揆沛（Patrick Lam）
主材：木材、三聚氰胺生态板、烧结玻璃

设计背景

这是一对年轻夫妇的住宅，他们像对待家人一样对待他们的宠物。宠物有自己的个性，也需要有自己的空间。房屋的主人和他们的母亲住在一起，这样可以互相照顾。他们渴望一个新的生活空间，可以为他们和宠物创造一部分私密空间和一部分共享空间。设计师根据这对年轻夫妇（肯和泰瑞）的需求为他们打造了一个灵活的布局，不仅有宠物的活动空间，还可以满足两代人不同的生活需求。

设计理念

“宠物的乐园”不仅是一个专为宠物设计的项目，更是一个通过空间布局实现隐私与交流之间平衡点的经典案例，可以为解决年轻人和老年人共同生活中产生的矛盾和问题带来新的灵感。

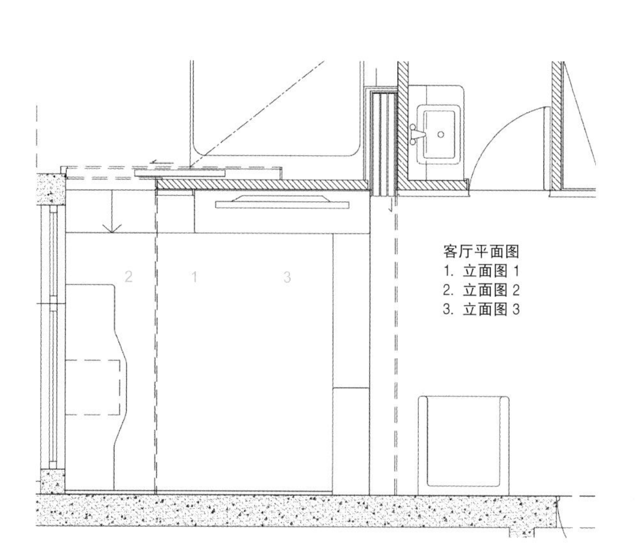

客厅平面图
1. 立面图 1
2. 立面图 2
3. 立面图 3

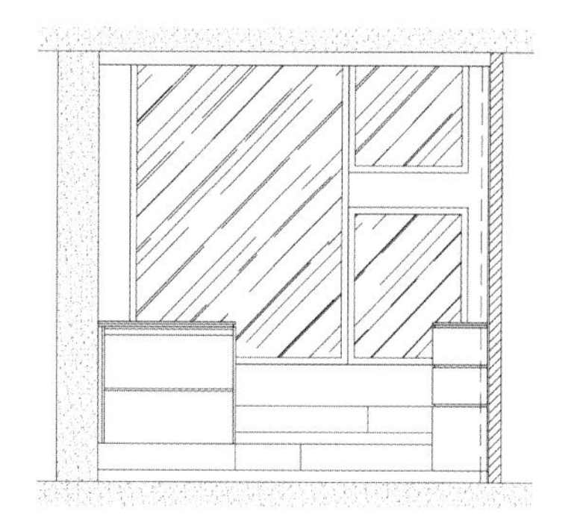

立面图 1

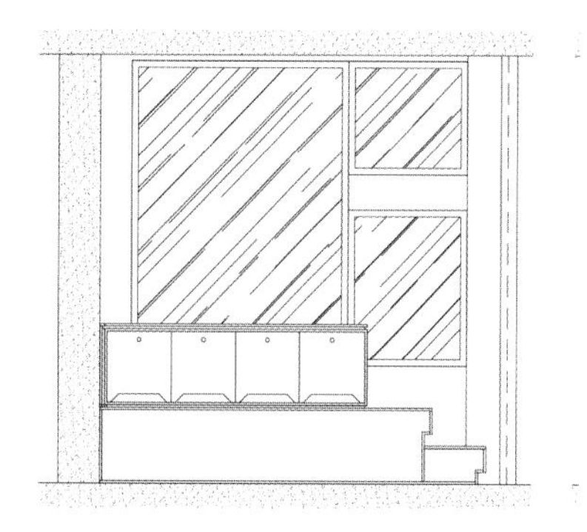

立面图 2

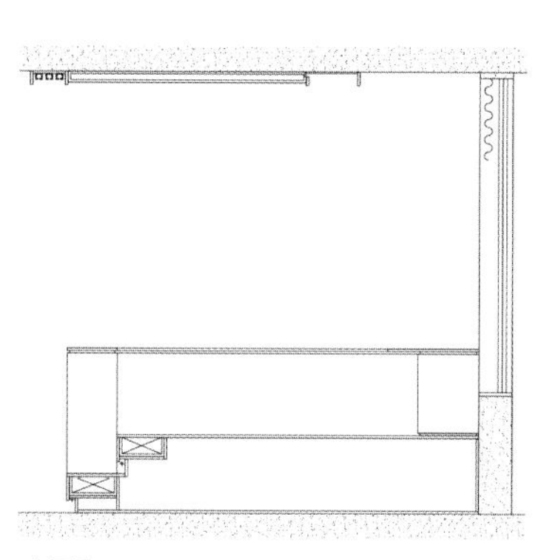

立面图 3

鹦鹉、猫与三人的生活空间与动线

鹦鹉的空间

肯和泰瑞养了一只鹦鹉，他们的母亲养了一只猫。鹦鹉需要住在一个大笼子里，最好设置在一个阳光充足的地方。在布局上，主卧与客厅相连，母亲的卧室与餐厅相连。经过与客户协商之后，设计师决定将鹦鹉笼子放在客厅中大玻璃窗前的矮柜上，这里距离主卧也比较近。柜子顶部的中间部分面积比较大，更适合放置鹦鹉笼子；设置在窗户的中间是因为这里的朝向是西面，这样下午阳光可以照射进笼子内；鹦鹉有时会从笼子里出来，所以整个房间的顶光槽不能太深，以避免鹦鹉卡在里面。当鹦鹉出来时，可以将三个装有烧结玻璃的推拉门关闭，这样可以防止鹦鹉与猫直接接触；客厅的木制平台也有助于减少猫走向鹦鹉所在区域的概率。

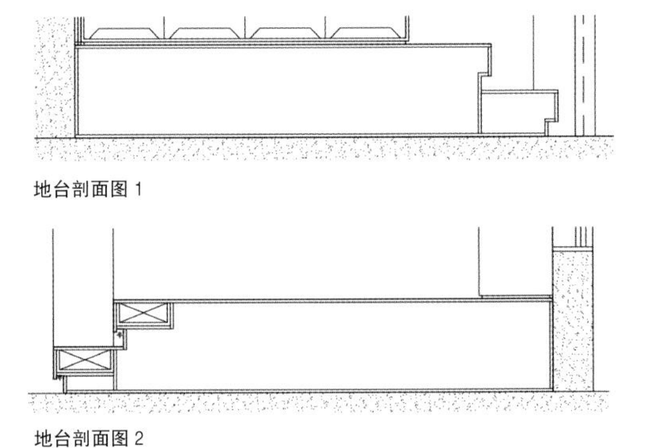

地台剖面图 1

地台剖面图 2

猫的空间

这只猫多年来一直和母亲住在一起。虽然房间不大，有三个人住在里面，但是妈妈也想要一个可以让猫随处走动的空间。设计师在餐厅设计时，将餐桌与橱柜融为一体，大部分时间，餐桌都被隐藏起来，为猫创造了更多的空间；在入口处的边上设置了一个猫厕，这也是一个出门换鞋用的小座椅；餐厅橱柜的中央部分设置了一个圆形的猫洞和适合猫走动的平台。猫屋与妈妈的卧室的衣柜融合在一起，猫可以从床头的矮柜上面跳下来，按照它的行动路线跳入自己的小屋。

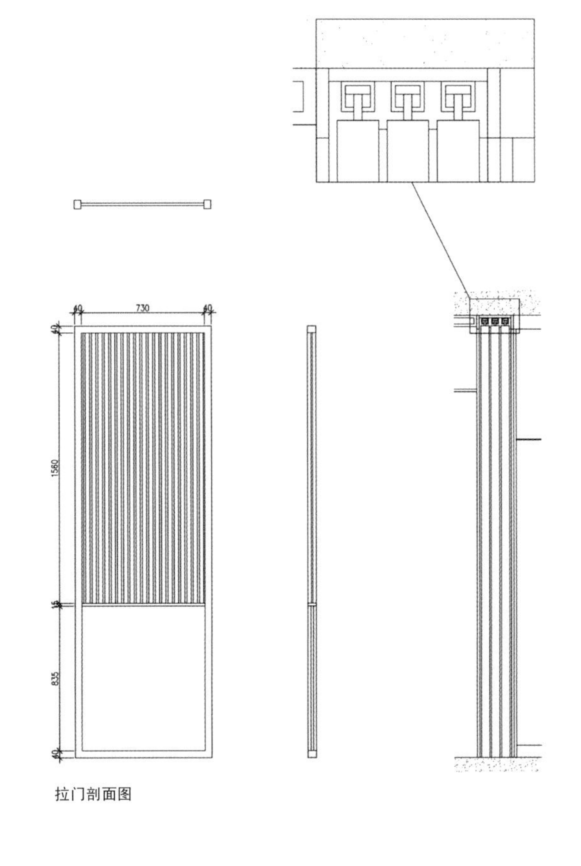

拉门剖面图

年轻人和老年人之间的隐私与交流

在香港，很多家庭的孩子长大后都离开了家，留下的老人必然是孤独的。这也与年轻一代越来越重视隐私和自由有关。接到这个项目后，设计师希望可以通过灵活的布局让客户和他们的母亲既拥有自己的私密空间，又有公共的生活空间，这样就不会产生同样的矛盾和问题。

在餐厅的中央设置了三个玻璃推拉门，巧妙地将主卧与生活区域，妈妈的卧室和餐厅隔离开。当年轻夫妇需要独处或者鹦鹉出来时就可以关上推拉门；当全家人一起用餐或者家庭聚会时就可以打开推拉门，形成一个大的活动空间。

材料

在材料选择上，主卧和客厅区域采用了浅枫木色和灰色，而母亲的房间和餐厅则以白橡木色为主，明亮的颜色可以缓和餐厅远离窗户光线不足的问题。虽然两个区域选用的材料不同，但也有一种和谐感，可以自然地融为一体。

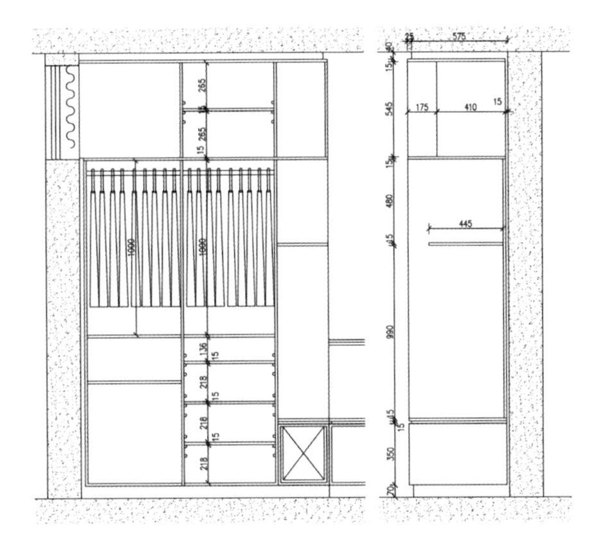

衣柜立面图

储物空间与安全性的和谐

肯和泰瑞希望有一个大的储物空间，于是设计师提出了一个木制平台的布局方式。但是考虑到老年人的安全问题，平台的落地对她来说是不方便的，所以最后只在客厅设置了平台，母亲可在她的房间和餐厅、卫生间及厨房之间自由地走动。这种设计既保障了老年人的安全，又增加了猫进入鹦鹉区域的难度。

在客厅大窗底部的矮柜中，放置了四把活动椅，在打开餐桌的时候可以一起使用。厨房和卫生间的门设计成了房屋的形状，更加适合宠物的主题。厨房的门也使用了烧结玻璃，烹饪时外面的人也可以看到里面的情况。所有的木制家具均采用的三聚氰胺生态板，避免有猫的抓痕，也可以减少甲醛对人和宠物的危害。

40 m²
~
50 m²

伊格斯的 3G 公寓
——利用转换和堆叠设计，为三代人打造了一个紧凑而又宽敞的阁楼空间

平面图

设计背景

赫伦建筑事务所（Heren 5 architects）与家具设计师保罗·蒂莫（Paul Timmer）合作设计了一个位于阿姆斯特丹北部的阁楼。当房主伊格斯买下这栋位于阿

项目地点：荷兰，阿姆斯特丹
完成时间：2018 年
项目面积：45 平方米
设计公司：赫伦建筑事务所（Heren 5 architects）
主创设计师：索尔·克鲁曼斯（Sjuul Cluitmans）
设计团队：杰伦·阿特维尔德（Jeroen Atteveld）、索尔·克鲁曼斯（Sjuul Cluitmans）、乔安娜·克雷吉尔（Joanna Kregiel）、保罗·蒂莫（Paul Timmer）
摄影：蒂姆·塞特（Tim Stet），伦纳德·福斯特（Leonard Faustle）
主材：桦木、白色可丽耐大理石

姆斯特丹北部的3G公寓时，他有一个特别的愿望："我想要一套位于一层的公寓，这样我的女儿就可以随时出去玩耍。另外，在那里要有我母亲自己的空间，方便她照看孙子。当我女儿长大了，她就可以自己住在隔壁的阁楼里了"。"3G公寓"就是这样形成，现在三代人在这里舒适地生活在一起。

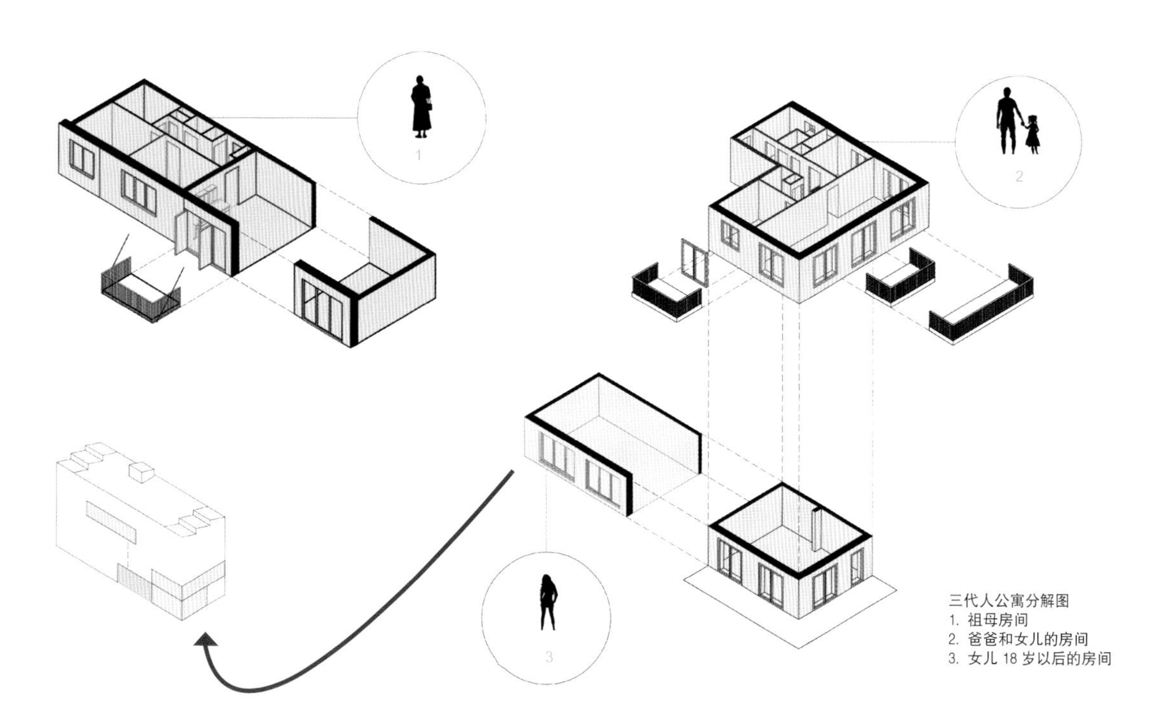

三代人公寓分解图
1. 祖母房间
2. 爸爸和女儿的房间
3. 女儿18岁以后的房间

设计理念

在这间单朝向的阁楼里，设计师们充分利用了空间的宽度。最重要的是住宅各个功能区的设置，厨房和餐厅位于大型玻璃幕墙的后面，从这里可以看到外面的灯塔船和运河。

空间布局

客厅、休息区、储藏空间和浴室等私密空间位于阁楼的后部。3.5 米的超高天花板被充分地利用，将休息区设置在厨房的顶部，打造了一个超大的生活空间。在客厅平台下面放置了一个备用床，可以在有朋友过来时使用。利用别出心裁的转换和堆叠设计，打造了一个紧凑而又宽敞的阁楼空间。

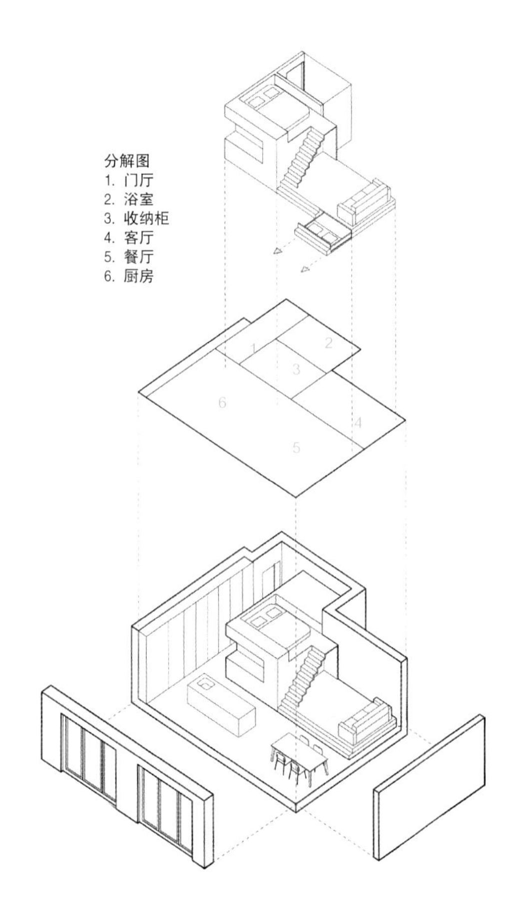

材料

空间中大部分使用的材料是桦木和白色可丽耐大理石，色彩搭配和谐。利用金刚砂打磨的边缘设计是由保罗・蒂莫完成的，赋予一种独特的外观设计。

40 m² ~ 50 m²

南京萧宅

——打造具有同构型、时间性、高度性和变化型的空间

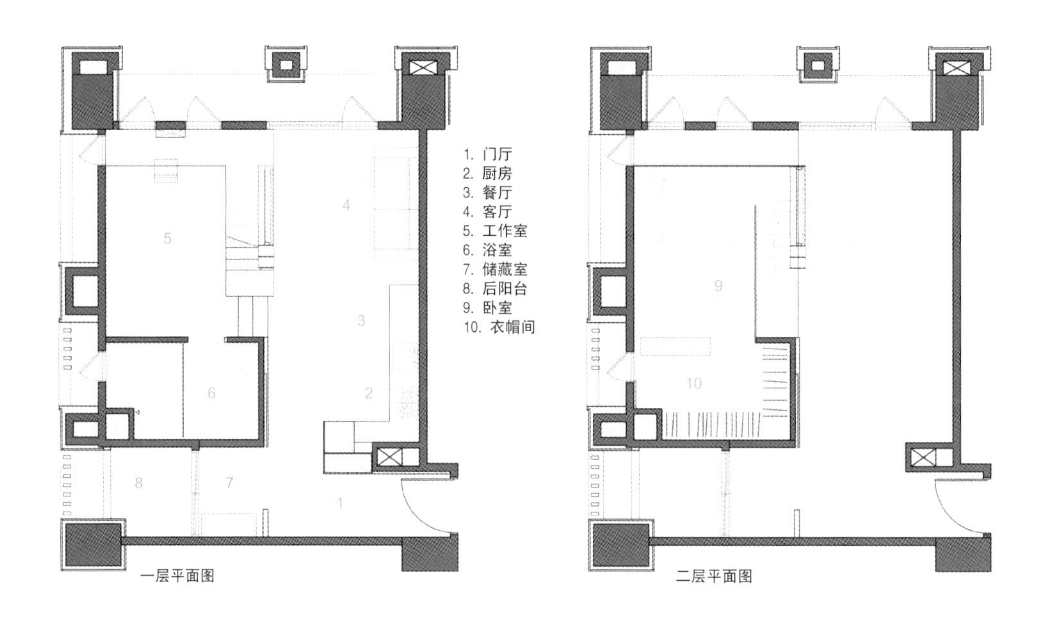

设计背景

虽说人类的适应力是很强，可以习惯各式各样的空间，但是面对多元的生活形态如何提供相对应的机能又兼具美学，是设计师认识屋主后的疑问。屋主说着连手指都数不完的生活喜好及需求，但是看到只有46平方米的平面，设计师觉得是不够用的。

项目地点：中国，台湾，台北
完成时间：2018年
项目面积：46平方米
设计公司：均汉设计
主创设计师：曹均达、刘冠汉
摄影：均汉设计
主材：木材

设计理念

在空间的操作上，首先要处理的是将这么多元的需求和行为做分析，设计师提出：同构型、时间性和高度性。同构型的例子有厨房及餐桌，有连贯的作用；时间性代表该场域有意识的被使用，例如：看电视、吃饭聊天，虽然睡眠是长时间的行为，但却无意识的；高度性是一件有趣的发现，例如：睡觉时人们是躺着的，工作、阅读是坐着的，主要的动线是站着经过的。依此类推，将生活形态置入空间，错层的位置也能被定义出来，同时也是基础的形成。

但这样仍然不够使用，所以设计师提出了变化型的使用，这个概念其实是将复合的机能统一化，在需要时还能独立使用。设计师将开放厨房结合旋转餐桌，除了能提供开阔的场域外，必要时还能同时拥有，而对面的墙面也设计了活动的收纳功能，来满足屋主临时性的使用需求。

40 m²
~
50 m²

波布雷诺公寓的故事第二幕

——享受利用透明隔断与绿植打造通透自然的开阔空间

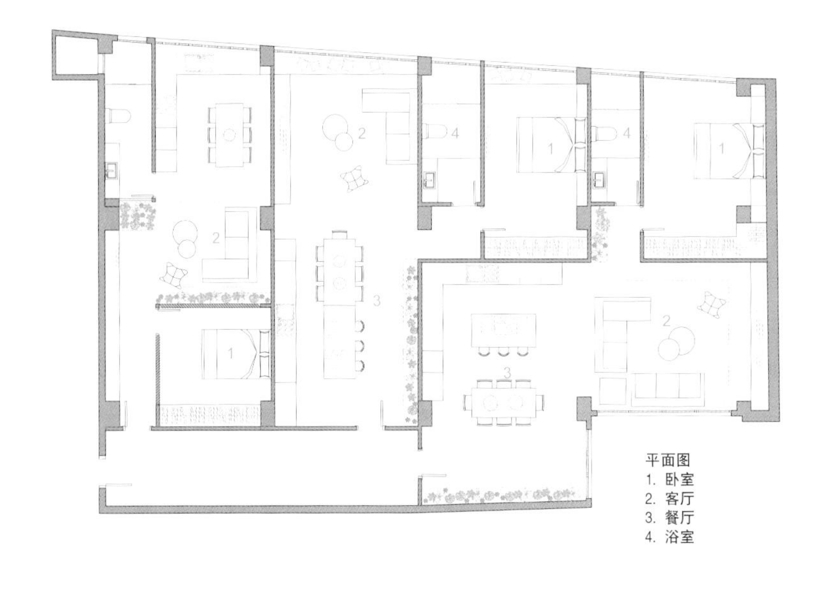

平面图
1. 卧室
2. 客厅
3. 餐厅
4. 浴室

项目地点：西班牙，巴塞罗那
完成时间：2017 年
项目面积：46 平方米
设计公司：伊格塞塔设计公司（Egue y Seta）
摄影：威酷摄影（VICUGO FOTO）
主材：混凝土、地毯、靠垫、PCV 橡木、白瓷砖

设计背景

波布雷诺这个城市的工业建筑和仓库提供了“开放式规划”的可能性，随着城市的发展，自然光线和通风，正逐渐成为房间重要的元素。如今，相比那些生活必须设施来讲，更准确地说影响他们的房屋出租的最大因素是房屋过剩。因此，大多数准备出租的业主对于空间规划的操作是：水平分割。

设计理念

这是城市住宅改造的一个典型案例，最近几年，这种改造已经席卷了整个城市，尤其是这个住宅区。一个住房单元在不久之前被改造成了三个。这里曾经是工作的地方，他们站在巨大的工业荧光灯下，沿着巨大的玻璃窗一个挨着一个地工作着；而如今这里的氛围被彻底地改变了，这是一个私密的空间，是与朋友们或者人生的另一半一起放松的安乐窝。他们可以躺在床上或者坐在桌旁谈论他们的个人情况，他们的日常生活，他们的美梦和噩梦，以及他们生活中的各种悲欢离合的故事。就像其他的家一样，这是一个各种故事都有可能发生的私密空间。就像一个剧本中的各种角色的不同要求在舞台表演过程中要分为几个剧幕，在这个舞台上设计师安排了三幕，在这里介绍第二幕。

1

第二幕

自从她离家上大学后，她就一个人住在几平方米空间里。现在，既然她能负担得起，她并不想租一套西北朝向的公寓，她需要一个比较大的生活空间。终于是时候离开那些典型的“单间小公寓”了，那些“单间小公寓”迫使她睡在客厅里，让所有的客人都坐在她的床上，在厨房里吃饭。

她在巴塞罗那第22区一家非常时髦的初创公司工作，这让她的通勤时间变得非常灵活。住得离工作地点近是很方便的，尤其是公司还位于一个比较新的社区，位于市中心和海滩之间，周围到处都是时髦的酒吧和漂亮的小商店。她仿佛看到自己踩着滑板车在波布雷诺的人行道上自由地滑行，她喜欢她所看到的场景。

当她看到这则广告时，上面写着这套公寓的面积和描述，她以为所有这些照片都是经过 PS 处理的。然而当她亲自去看了之后，她改变了主意。她感觉即使卧室与其他区域是分隔开的，也不会感到憋闷，因为她可以透过垂直的松木百叶窗和种有常绿蕨类和竹子的小花园看到客厅、厨房和玻璃窗。厕所的情况也差不多：空间不是很大，但整个公寓都受益于从水晶墙透进来的光线。设置透明的隔断会使空间没有私密性，但她想自己一定会慢慢习惯的，如果不习惯还可以安装一个百叶窗，这样就可以根据需要调节。一想到弗下次来过周末的时候，可以看到他光着膀子，刮着胡子，从客厅里出来，她就觉得很有吸引力。弗对这套公寓空间设置也很喜欢，他希望有一个餐厅或者一个摆放恰当的餐桌。他在伦敦与人共享一个公寓，他最讨厌的是不得不在小厨房的吧台上吃饭。在那里不论吃什么，都像在吃早餐一样。他第一次去看她时，带了一堆漂亮的桌布和两套餐具，以便他们共进晚餐的时候使用。他们还可以邀请朋友过来，不过，这需要邀请“有胃口”的人，因为她喜欢沐浴在厨房里阳光中。她想象着自己时不时地从那个不锈钢的冰箱里拿出美味的小点心，冰箱外壳设计的尺寸也非常合适。

他们还需要买一个大的电视，一套皮革装订的经典文学作品，或者一些漂亮的原创艺术作品来装饰从客厅的入口一直延伸到客厅的橡木架子，其他的东西可以放在橱柜里。灰色的门面与卧室床头柜的颜色相匹配。在他们有能力搬到一个更大的地方之前他们会一直住在这里。每天晚上，当她在办公室忙了一天回到家的时候，她就会摘掉隐形眼镜、手表、耳环和项链，戴上耳塞，打开一本书，享受安静的时光。事实上，她所有疯狂的梦想都能在这套公寓里实现，至少值得一试。

40 m²
~
50 m²

Twin Peaks 住宅

——利用跳跃而欢愉的色彩和简洁的装饰打造温暖而鲜活的个性空间

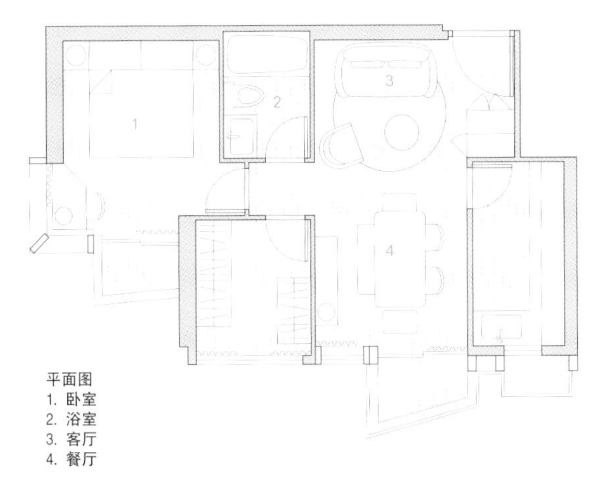

平面图
1. 卧室
2. 浴室
3. 客厅
4. 餐厅

设计背景

林子设计（Lim + Lu）的新作 Twin Peaks 位于香港九龙半岛的将军澳，是一间不足 50 平方米的单身住宅。男主人来自巴黎，是一位特立独行的时装设计师。他委托林子设计为其居所进行室内设计，希望以温暖而鲜活的空间个性，为香港这座灰色城市涂抹一道亮色。

项目地址：中国，香港
完成时间：2017 年
设计公司：林子设计 (Lim + Lu)
主创设计师：林振华、卢曼子
项目面积：46 平方米
摄影：尼鲁特・本杰班泊特（Nirut Benjabanpot）

设计理念

空间设计

有限的空间依照主人的生活尺度被细致地分割和利用。餐厅与客厅合二为一，并延伸到户外阳台，形成一个开放式的社交活动区域，满足了主人时常热情待客的需求。

色彩搭配

跳跃而欢愉的色彩搭配，是这个空间最大的特点，也是林子设计一贯大胆独到的用色手法的再次证明。在纯白和浅粉的主背景色中，红、黄与蓝、绿的冲撞对比，被有度地填充于墙壁的大色块部位、座椅家具直至小的配饰物件。整个空间在冷暖色调的晕染间展示着明快的气质，也将生命的活力渲染得淋漓尽致。

家居装饰

室内家居多为外形简略、形体流畅的产品式样，金属质感的桌、几、灯饰，与椅面织布的温润触感和谐并置，呈现出立体多维度的艺术美感。镜面装饰运用于大小柜体，增加空间的扩充感和通透性的同时，也借助反射的画面制造光影互动和虚实趣味。

40 ㎡
~
50 ㎡

上海小屋

——通过共享空间的方式划分功能区，打造多种储藏功能，营造都市奢华感

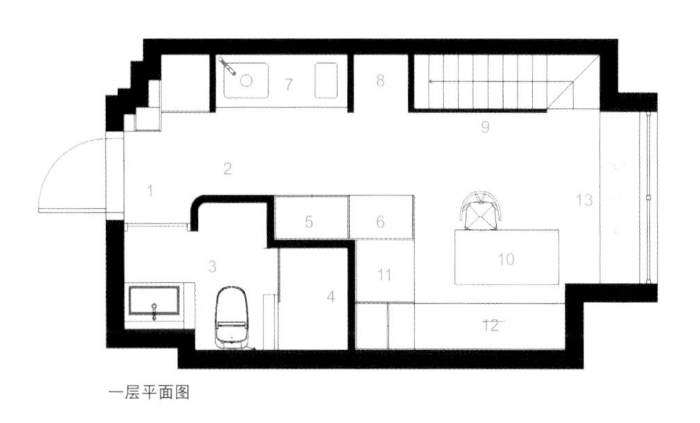

一层平面图

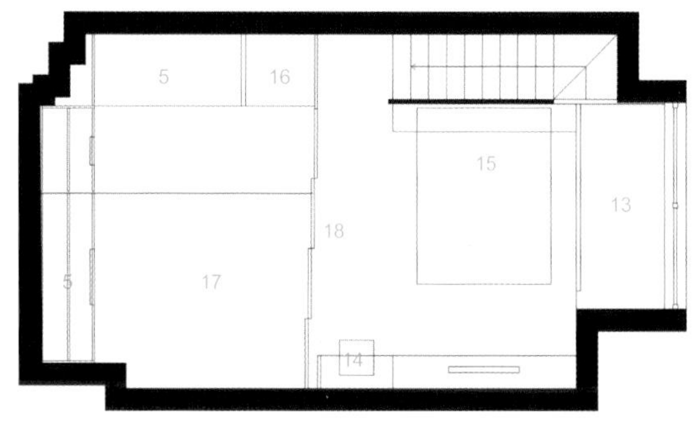

二层平面图

1. 入口
2. 门厅
3. 卫生间
4. 浴室
5. 收纳柜
6. 搁置架
7. 厨房
8. 冰箱
9. 设备区与收纳柜
10. 餐桌
11. 酒柜
12. 沙发
13. 窗户
14. 衣柜
15. 卧室
16. 桌子
17. 榻榻米房间
18. 推拉门

设计背景

项目位于上海浦东，上海的房价逐年上涨，很多人都会选择购买小户型。这所房子是一家三口居住的，一对年轻夫妇和他们的孩子。虽然面积不大，但是空间设计要能够适应三个人不同的作息时间，这对夫妇需要有一个一起工作的空间。设计师多次与客户见面沟通，通过模型和草图讲解，最后完成了功能空间的划分，打造了一个适合三口之家的理想空间。

项目地点：中国，上海
完成时间：2018 年
项目面积：47 平方米
设计公司：上海内田设计公司（uchida shanghai）
主创设计师：庄司光宏（mitsuhiro shoji）
摄影：长谷川健太
主材：竹子、钢铁

设计理念

设计师想通过共享空间的方式来进行规划，打造一个小而又奢华的家。在有限的空间中一定要设置存储和收纳的空间，可以存放衣物、喜欢的物品、书籍和葡萄酒等。

设计师将空间分为两层，一楼和二楼都利用了推拉门来进行空间分割，这是受日本禅宗设计的启发，这也是该设计的核心——合理划分功能空间。

一楼是公共空间，二楼是私人空间。二楼的空间很窄，所以设计师用可移动的隔板来分隔空间。有榻榻米的房间是客房，平时可以用于瑜伽练习的空间。

客户要求要有存储空间，同时要体现一种奢华感，所以使用了上海特有的材料。使用竹木复合材料和铁艺作为主要材料，可以营造出一种高质感、高品质的空间氛围。镜子的有效利用，可以尽可能消除在狭小空间中的封闭感，也可以使空间具有连续性。

大部分的家具都是专门设计的，具有隐形的储藏功能。楼梯中、榻榻米床垫下以及看起来像一面墙的部分，都设有储藏空间，使这个只有 47 平方米的空间得到最大化地利用。尽管房子空间很小，设计师还是想打造一个可以让人感受到大城市的奢华和丰富的空间。

40 m²
~
50 m²

10 度宅，让生活改变不止 10 度

——将日常功能结构叠落整合为“功能盒”，通过旋转 10 度让空间发生质的改变

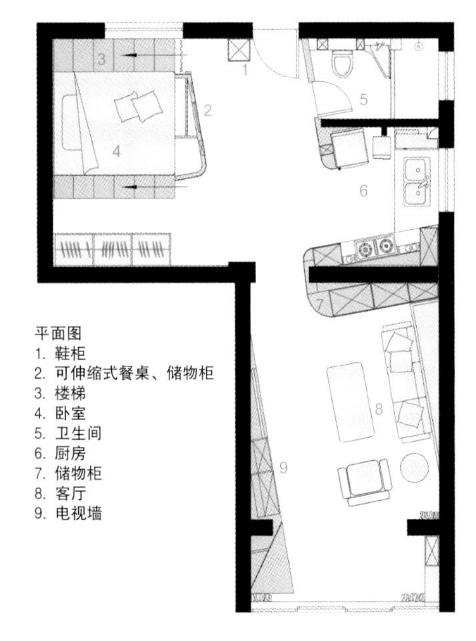

平面图
1. 鞋柜
2. 可伸缩式餐桌、储物柜
3. 楼梯
4. 卧室
5. 卫生间
6. 厨房
7. 储物柜
8. 客厅
9. 电视墙

设计理念

将价值折射在空间区位和动线模式之中，利用最简单的法则使空间的功能与感受最优化，是堂晤设计（TOWOdesign）重构空间的常用方法。他们将此法的精髓运用到经济型住宅设计中，在寸土寸金的上海中心城区，通过旋转 10 度让空间发生质的改变。

项目地点：中国，上海
完成时间：2018 年
项目面积：48 平方米
设计公司：堂晤设计（TOWOdesign）
摄影：堂晤设计（TOWOdesign）
主材：木材、镜子

空间布局与功能盒

房子的原始面积仅 40 余平方米，却需要容纳日常起居、储藏收纳、办公、娱乐聚会等功能。为了最大限度节省空间，堂晤设计将日常功能结构叠落后整合为“功能盒”，并将其置入到公寓空间中。功能盒与功能盒之间构成新的活动区域。公寓从一个由一间间房子组成的常规形态变成一个由盒子外连续空间组成的流动空间形态。黄色的厨房柜体成为整个流动空间的中心。这样的改变让公寓完全消除了原本的压抑感，扩大了空间感受。

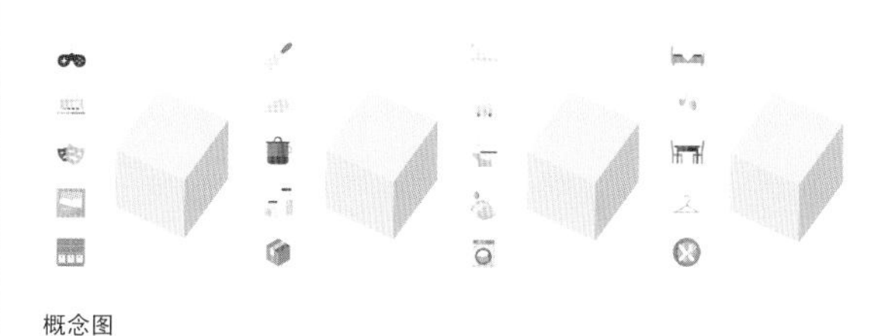

概念图

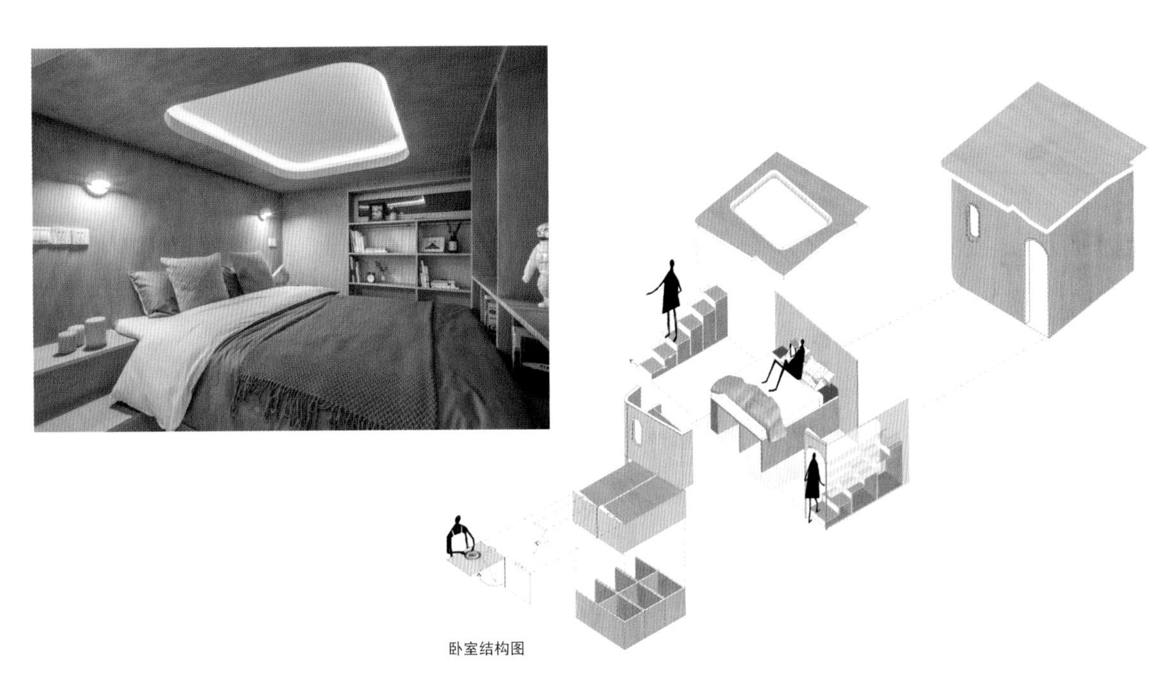

卧室结构图

10 度旋转

然而，这些被整合功能的体块置入小空间后会出现一些矛盾，特别是在娱乐功能体块置入后，整个空间的流线与视野都被遮挡。为此，堂晤设计对原本的设计做出调整，将所有功能体块整体旋转 10 度后，功能块带来的阻挡问题迎刃而解。同时，10 度的倾斜也创造出一些有趣的夹角空间。在休息用的盒子旁边，该夹角空间正好容下上床楼梯，楼梯内暗藏收纳柜，灵活又实用。客厅的夹角空间变成三角形造型灯箱，成为客厅的氛围照明灯。

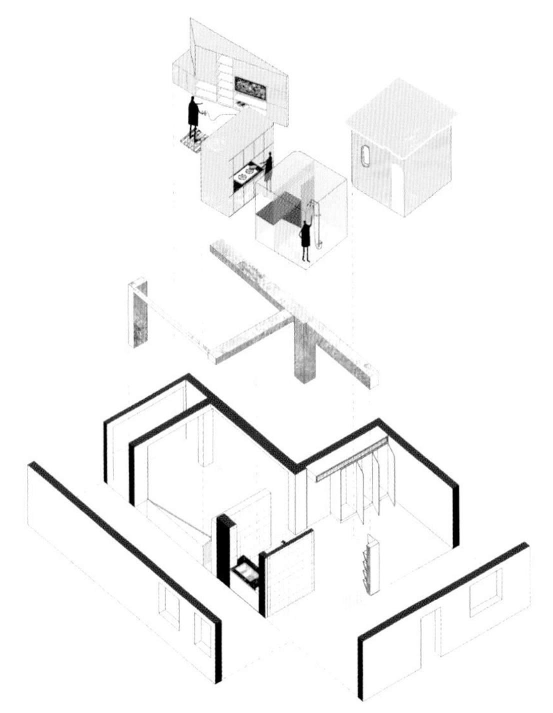

空间解构图

储物空间

由于户型较小，储物显得尤为重要，因此储藏区占据了最大的体量，且穿插在其他功能体块中。隐藏式、推拉式、展示式，样式百变。加之开放式的厨房、可折叠的餐桌，还有隐藏式的洗手间，最大限度地利用每一寸空间。

镜面元素

镜面元素也被运用在细节中，以减少小空间的压迫感。由于中国人的传统习惯，会忌讳躺在床上能看到镜中的自己，大面积的镜子也会影响居室的温暖感。鉴于此，堂晤设计巧妙利用镜像的反射角度与位置，在满足空间视觉延伸的同时，又避免日常起居时的镜面干扰。

裸露的梁柱和墙面

空间中保留了部分梁柱及墙面，直接裸露着呈现出建筑的本体轮廓。同时，这些梁柱体系被强调后，也正好与10度的旋转互为参照，更显趣味。在尊重空间本质的基础上，堂晤设计以富有创意和实用意义的设计手法，让这个空间犹如被施了魔法般，越住越大。

40 ㎡
~
50 ㎡

小型合租公寓

——利用拱形设计创造更多储存空间，打造完美合住空间，营造怀旧感

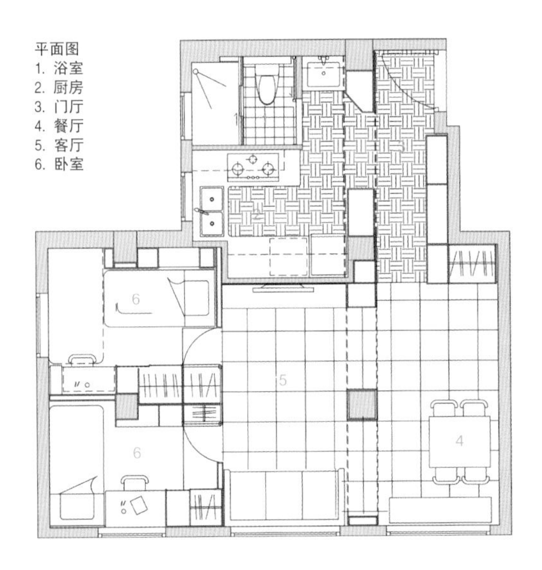

平面图
1. 浴室
2. 厨房
3. 门厅
4. 餐厅
5. 客厅
6. 卧室

设计背景

以旧公寓的原始基调中获得灵感

Sim-Plex 设计工作室对香港一套 49 平方米的旧公寓进行翻新改造，项目以标志性的拱形橱柜作为脊梁。公寓位于香港九龙城，建于 20 世纪 70 年代，三个年轻人将会搬进这套旧公寓。Sim-Plex 解释说："年轻人和老城区之间的冲突对于我们来说是一个有趣的

项目地点：中国，香港，九龙
完成时间：2018 年
项目面积：49 平方米
设计公司： Sim-Plex 设计工作室
摄影：Sim-Plex 设计工作室
主材：木材、瓷砖、大理石

问题。当我们第一次勘查现场时，沿着楼梯和大厅处的怀旧马赛克瓷砖和水磨石地面给我们留下了深刻的印象。然而，当我们走进公寓，看到巨大的柱子挡住了主要的空间，这给我们的设计带来很大挑战。”

设计理念

拱形设计作为怀旧元素和日常生活的基础

“我们该如何突破这些设计上限制来适应年轻人的日常需要,同时又能与老旧小区的出租房相呼应呢？”Sim-Plex 又提出了一个问题。

主要的设计理念是将橱柜和梁柱整合在一起，形成一个拱形的墙。这样不仅可以将柱子结构隐藏起来，还融入了日常收纳的功能，同时也具有一种怀旧的意味。Sim-Plex 仔细研究了大堂瓷砖的图案、纹理和尺寸。门厅处使用这种老式的地砖和大理石墙砖装饰，可以与大堂相呼应，建立一种空间联系。采用原木饰面和深蓝色的墙面相搭配，也能够增强怀旧感。

年轻人合住的完美空间

香港的土地和租金都很高，这是众所周知的事情。最近出现了一种为年轻人提供合租空间的趋势，这样他们可以共同分担租金，节省开支。一些老旧的廉价公寓成了他们共同的目标。然而为了能够容纳更多的人，降低成本，牺牲了空间的质量。“我们真诚地希望这个项目可以为合租空间的设计树立一个标杆”，Sim-Plex 说。

改造后，客厅、半开放式厨房和浴室之间设置了一个拱形的橱柜。拱门之间的空间是通透的，可以自由穿行，也有利于空气流通。它也是整个房间的脊梁，为日常生活提供存储衣物，摆放杂志书籍和照明的功能。拱形的空间布局也可以让日光尽可能地照射进内部的空间。

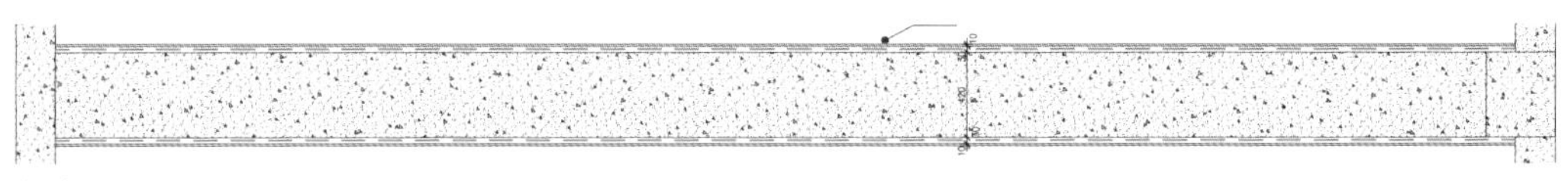

客厅柜平面图

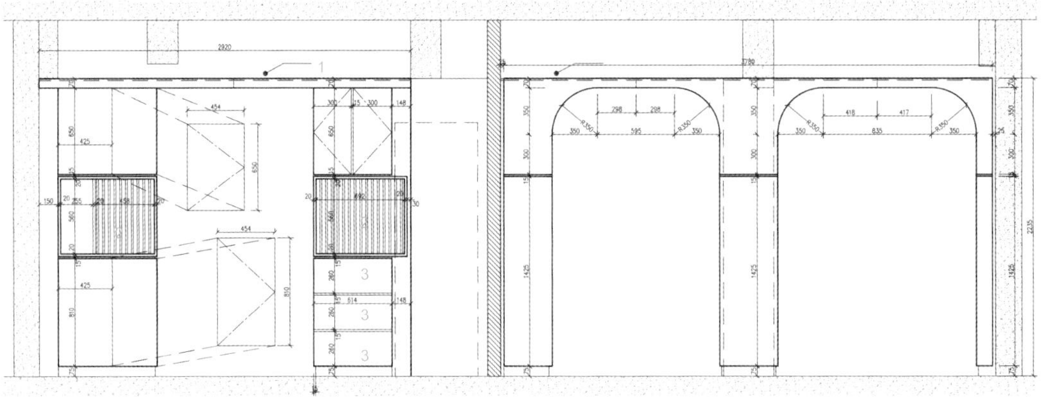

客厅柜立面图

1. LED 灯带
2. 压纹玻璃
3. 抽屉

厨房设置在拱门的后面，通向门厅。这里采用了烧结玻璃，增加了空间的轻盈感。地面采用了老式花纹的瓷砖，使外部空间和内部空间达到了一种和谐统一。

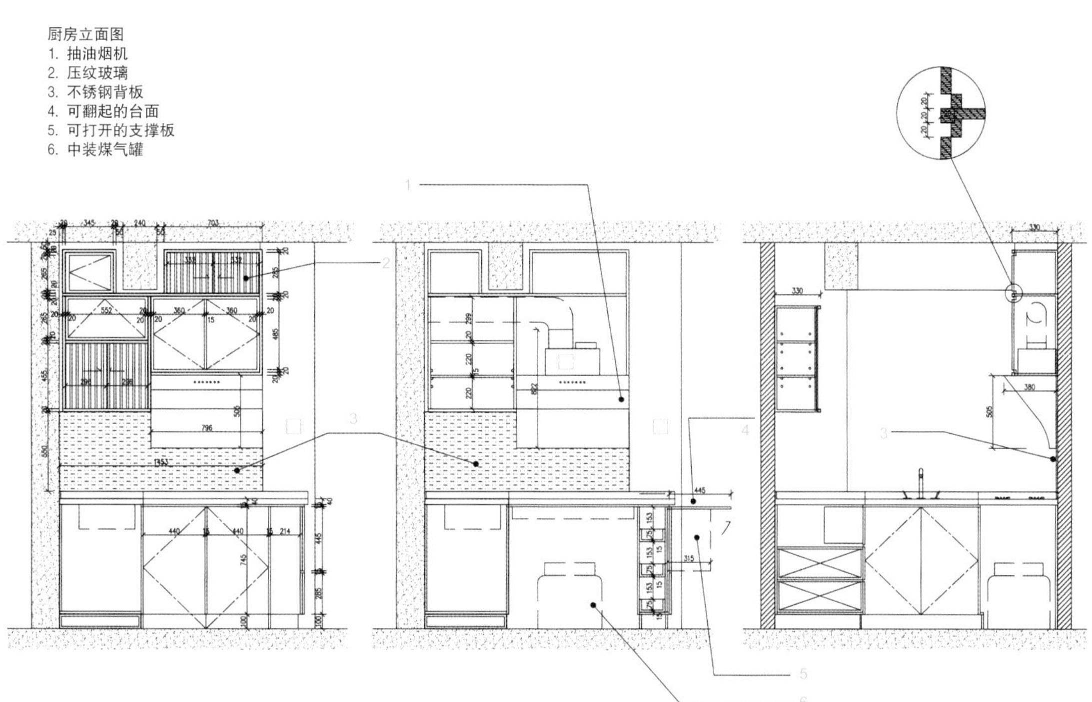

厨房立面图
1. 抽油烟机
2. 压纹玻璃
3. 不锈钢背板
4. 可翻起的台面
5. 可打开的支撑板
6. 中装煤气罐

浴室的面盆设置成了开放式的，可以更好地利用空间，也为合住者日常使用提供了灵活性和便利。两间卧室的门隐藏在了木墙的后面。每个房间都设置了木质平台，以增加存储空间。该项目为香港廉租公寓打造美好的合租空间做了一个很好的示范。

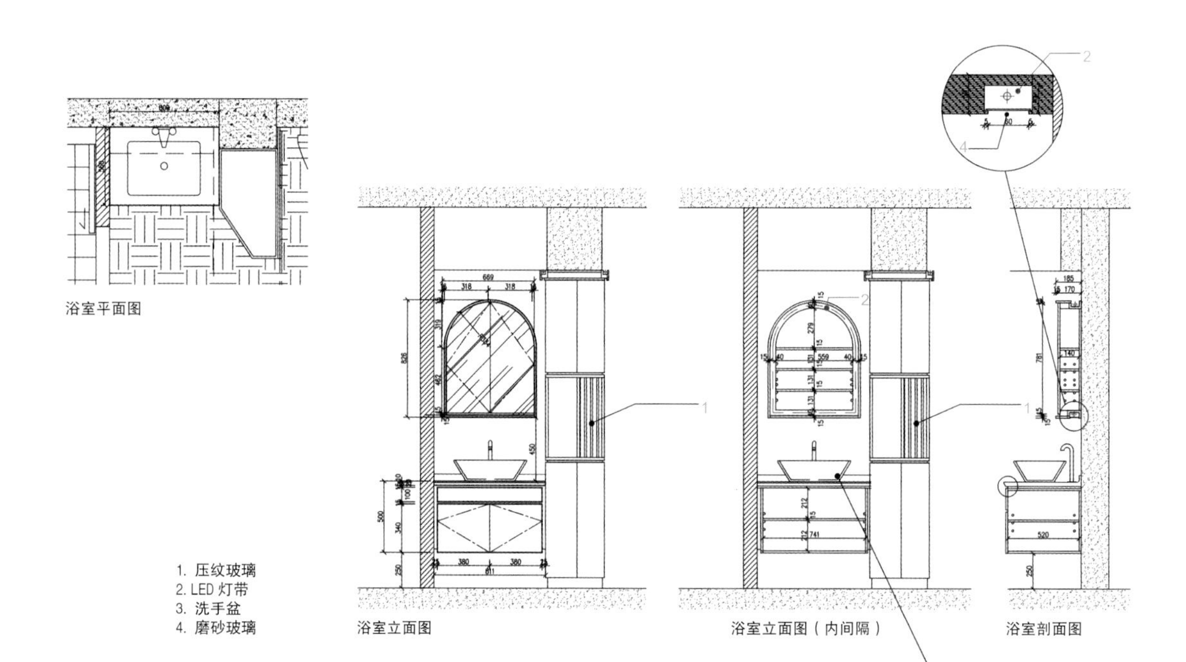

浴室平面图

浴室立面图

浴室立面图（内间隔）

浴室剖面图

HOME: Interior Design and Decorating

小宅空间设计与软装搭配

50 ㎡
~
60 ㎡

- 利用对角线切割，合理规划功能区
- 利用手绘墙面创造大自然气息
- 利用木制橱柜分割空间，打造隐秘储藏空间
- 利用夹层设计增加空间面积
- 利用玻璃隔断营造视觉上的通透性

50 m²
~
60 m²

T111 公寓

——利用对角线切割，划分怪异空间，合理规划各功能区

平面图
1. 客厅
2. 餐厅
3. 厨房
4. 入口
5. 浴室
6. 卧室
7. 衣柜

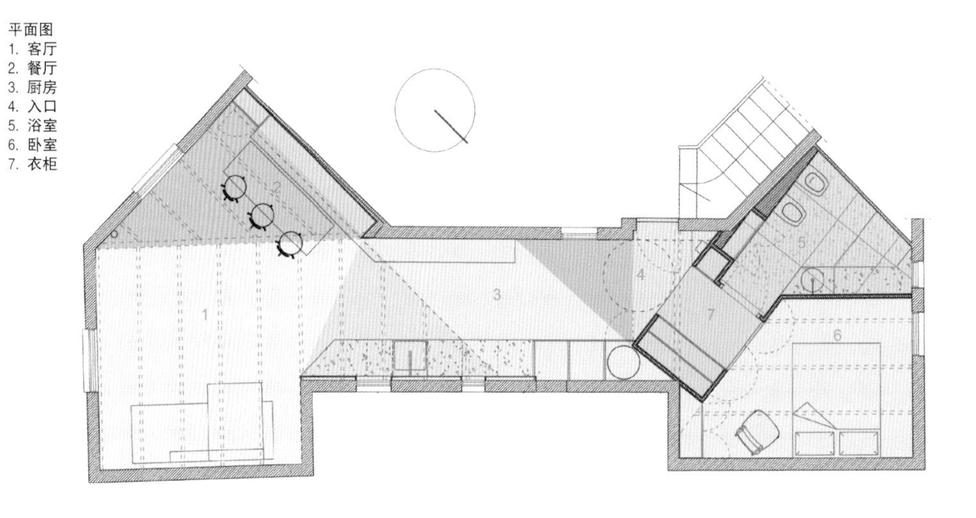

剖面图
1. 卧室
2. 衣柜
3. 入口、厨房
4. 客厅
5. 浴室

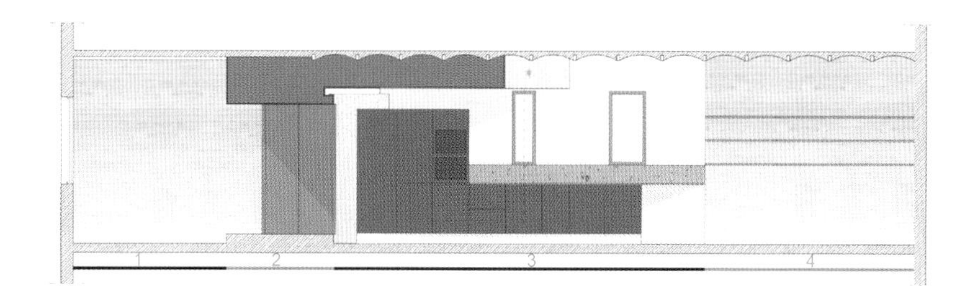

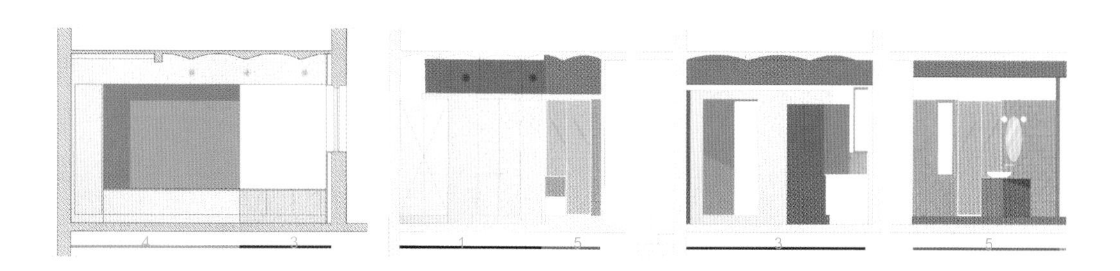

设计背景

这个小公寓位于巴塞罗那圣安东尼社区的公寓顶层。设计的主旨是将原来空无一物，不规则的空间（已经进行了拆除）改造成一位年轻的意大利职业女性的完美家园。

设计理念

客户的愿望是要有一个开放式的休息区，线条清晰，光照充足；还要有一个大的厨房，一个小一些的双人间卧室和一间尽可能大的浴室。浴室要有自然光线，良好的通风，可以主客共用。该项目还要提供大量的存储空间，以保持空间的整洁，既具有实用性，又可以使空间具有现代感和舒适感。

项目地点：西班牙，巴塞罗那
完成时间：2018 年
项目面积：51 平方米
设计公司：CaSA 建筑公司
主创设计师：安德莉亚・赛博里（Andrea Serboli）、马特奥・哥伦布（Matteo Colombo）
摄影：罗伯特・鲁伊斯（Roberto Ruiz）
主材：橡木、柚木、拉丝镍、乳胶漆

空间布局

该项目空间形状比较怪异，中间区域狭窄，两端各有两个梨形的空间。为了安排好每一个空间，设计师做了大量的设计思考。很明显，入口和类似走廊的中央区域可以打造为线型厨房。较宽敞的区域有两个朝南的阳台，透过窗户可以俯瞰街道，所以将开放餐厅和客厅设置在这里。浴室、卧室和储藏室的格局比较复杂，这几个区域紧密而奇怪地挤在一起，位于入口和住宅后部之间的区域。

设计师的设计目标是隐藏空间狭小的弱点，打造一个宽敞而舒适的居住空间。因此，设计师提出要增强现有公寓的对角线轮廓，而不是反向为之。根据墙的形状，按照一定的角度切割，可以使空间显得更宽。首先，设计师根据这些对角线划分了不同的交叉区域，创建了两个具有不同功能的楔形版块，天花板设计成波纹形，然后再在其中进行细部的雕琢，并利用颜色渲染空间氛围。

色彩

在这些区域他们选择了比较温和的中性色调作为基础色，室内的衣柜和浴室采用了灰绿色，餐桌后面的壁龛采用了灰粉色，入口处采用了酒红色，各种色彩与不同的纹理相搭配，配以柔和的灯光，营造一种温馨的氛围。

在入口和卧室之间，打造了一个贯穿式的浅色衣柜作为过渡。这个从两面都可以进入的衣柜空间可以容纳所有的衣服、鞋子和配饰，同时也将通往浴室的通道隐藏其中。

浴室和衣柜体块的外部，以及其他餐厅和厨房周围以对角线切割出来的区域，都刷了一种触感良好的象牙色乳胶漆，有助于区分两个不同概念的区域。韦伯设计的一种有效隔热和隔音系统覆盖了整个天花板，这是一种加泰罗尼亚拱顶设计，可以防止热量和噪声进入公寓，同时可以使光线变得柔和，并巧妙地覆盖在一些定制家具上。

客厅

包括客厅的两个大的户外窗在内的所有窗户都已经重新更换。其他所有的窗户都装有福斯库里特(Foscurit) 面料的拉帘，只有这两扇窗装的是滚轴百叶窗。

客厅后面原有的砖墙首先做了修复处理，然后刷了一种白漆加以修饰（床头也采用了同样的工艺处理）。在外墙上方设置了一排不直接照射的 LED 灯。

客厅里摆放着凯特尔（Kettal）设计的家具：丽娃扶手椅由结实的柚木打造，上面配置了棕褐色的皮质坐垫和靠垫，赋予其天然的质感和美丽的外观；博马沙发上的貂色织物和有一定角度的暗红色沙发腿，与整个空间柔和的色调相匹配；客厅的中心摆放着一组特殊形状的边桌和网状的花盆，活跃了空间的气氛。一盏散发着香味的原子落地灯，摆放在沙发的一侧，使用了拉丝镍材料，使灯具有质感。

入口

进门入口处采用了暗红色。在门和衣柜体块之间的墙角处用橡木定制了一个小木盒子和两个隔板，上面的盒子将电表隐藏其中，下面的两个架子可以放钥匙和其他配件。

卧室

卧室的门是双开门，一面漆成灰绿色，另一面却像墙壁一样粗糙。这是根据客户的意愿设计的，利用有纹理的墙面打造一个简单而安静的空间：粗糙的砖墙裸露在外面，并刷上半透明的白色涂料。浴室和衣柜体块的上部使用了深灰色，可以隐藏空调管道和其他物品，同时也可以作为储藏夹层。

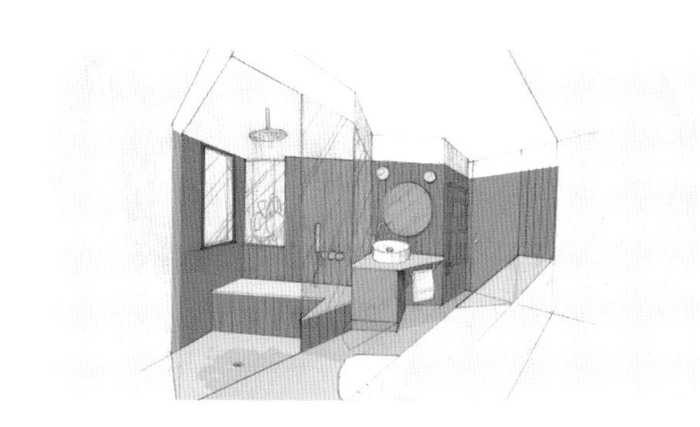

浴室

浴室设计充分利用了不规则的空间形状，墙面是按照垂直方向镶嵌的瓷砖，选择了和衣柜一样的灰绿色。里面用玻璃打造了一个宽敞的菱形淋浴间，内部设置了座椅，透明的玻璃有利于自然光照射进其他空间。所有的家具都是定制的，包括与浴室其他部分一样颜色的壁橱。地板和角形柜台面是由稍微有一些纹理大块薄瓷板打造而成的。圆镜的两侧安了两个球形的灯泡，使用拉丝镍材料进行装饰，看起来就像两个旋塞。

厨房

厨房比较宽敞，台面设置高于标准尺寸，对于高个子的人来说比较舒适。同样，镶嵌在橱柜内的烤箱和微波炉也设置在了较高的位置。所有的电器（洗衣机、洗碗机和冰箱）都隐藏在暖灰色的柜子里面。台面使用了与浴室地板和衣柜同样的陶瓷材料，台面末端是一个小的浮动区域，切割成一个斜角，可以作为早餐区域，这也是根据客户的意愿设计的。台面上方设置了四个微型定向壁灯，饰以白色纹理，照亮整个工作空间。

厨房的线性布局受到了狭长空间的限制，橱柜对面定制的柜子中也可以放置厨房物品和材料。这个像长椅一样的矮柜中隐藏了一些很深的抽屉，表面刷了粗糙的胶漆，顶部使用了和地板一样的橡木板。

餐厅

餐厅区域使用了同样的矮柜作为长椅，还可以作为储物柜。餐厅区域由壁龛界定，壁龛墙壁涂成了柔和的粉红色，上方隐藏了LED灯。这个凹槽设置在一个倾斜的墙面内，墙面另一侧通向厨房，表面涂上具有纹理的胶漆，将空调管道和扩散器隐藏其中。

50 m²
~
60 m²

切尔西临时公寓

——设计中融入景观元素，利用手绘墙面和金色天花板打造大自然气息

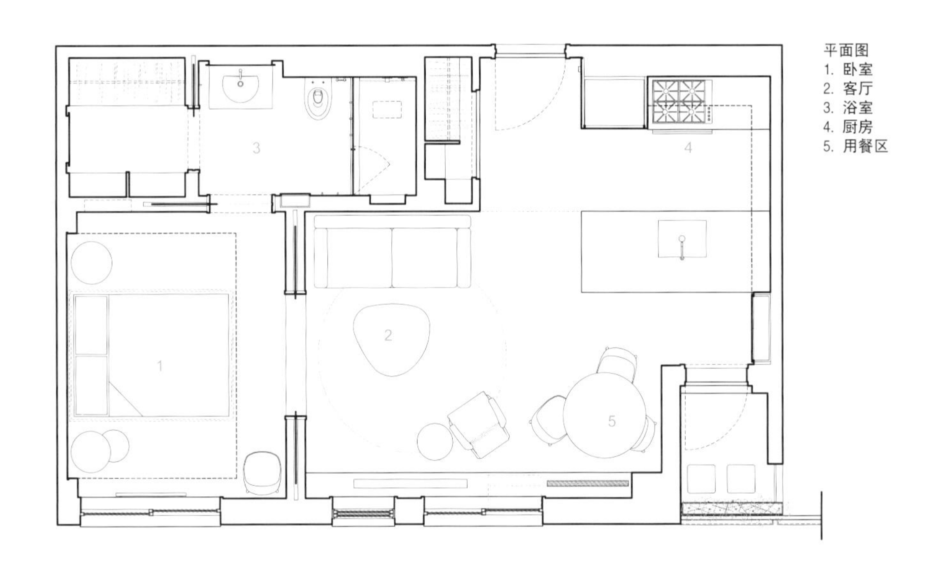

平面图
1. 卧室
2. 客厅
3. 浴室
4. 厨房
5. 用餐区

设计理念

切尔西临时公寓位于东海岸，是一对职业夫妇的家。他们在不列颠哥伦比亚温哥华永久居住。

项目地点：美国，纽约
完成时间：2018 年
项目面积：52 平方米
设计公司：STADT 建筑事务所
摄影：戴维·米切尔（David Mitchell）
主材：壁纸、LV 板

设计理念

空间布局

公寓在改造之前还是一种战后的设计格局，有一个狭窄的封闭厨房，与有窗户的客厅分隔离开。为了满足客户对厨房的需求，设计师重新定位了厨房的布局，将其设计成开放厨房，扩大了空间，并且有利于接受日光的照射。客厅和厨房以及浴室的地面分别使用了不同的材料以示区分，客厅采用了浅色的橡木地板，以人字形铺设；厨房和浴室的地面采用了大块水磨石瓷砖。

设计元素

客户要求在设计中融入景观元素，这样可以让他们回想起加拿大西南部郁郁葱葱的自然景观，也有助于缓解曼哈顿市中心的混凝土结构带来的冰冷感。经过深思熟虑，建筑师定制了一面手绘墙面，将景观元素融入其中。定制的墙面与床头板融为一体，金色的天花板与印花壁纸相搭配，犹如在床的上方打造了一片明朗的天空，而床头板融入绿色的墙面之中，犹如置身于大自然之中。如果不需要私密空间，可以打开房门，这样从客厅看过去，按照空间尺寸设计的大床、绿色的墙面和上方的金色天花板就成了视觉的焦点。

客厅和卧室之间用两扇大玻璃门隔开，使用的是酸蚀毛玻璃，关闭的时候可以模糊视线制造私密空间，还可以给人带来一种朦胧感，同时有利于自然光透过玻璃照入内部空间。

50 m²
~
60 m²

拉科鲁尼亚出租屋

——利用空间规划和色彩搭配技巧，用有限的装修费用打造完美小屋

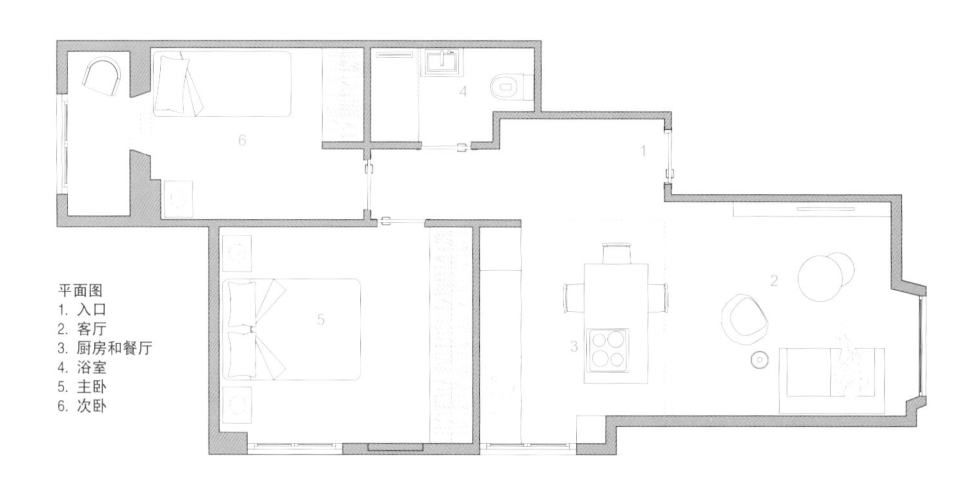

项目地点：西班牙，加利西亚
完成时间：2015 年
项目面积：55 平方米
设计公司：伊格塞塔设计公司（Egue y Seta）
摄影：威酷摄影（VICUGO FOTO）
主材：瓷砖、天然橡木、传统液压马赛克效果砖、水晶马赛克瓷砖、木效果瓷瓦

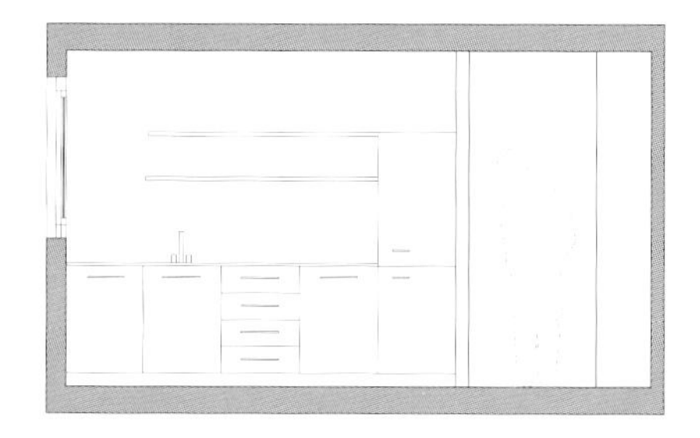

剖面图

设计背景

房屋租赁市场竞争日益激烈，同时充斥了各种恶习。业主需要谨慎投资，并且需要迎合潜在客户的特殊品位。但是最重要的是，他们对房屋的装修和家具的配置都需要符合最懒惰的一种生活方式。

即使竞争激烈，出租房的设计预算也是很严格的，这是否就注定了室内设计的方案是普通过时的呢？如果目标群体是年轻的学生或者工作者，是否要将所有东西都设置成一次性的，或者低质廉价的呢？

设计理念

伊格塞塔设计公司的新项目拉科鲁尼亚出租屋就面临着这种挑战，他们用一声响亮的“不”来回应了前面提出的所有问题。该项目设计尝试去协调小空间和视觉之间的关系，打造了一个年轻时尚而又具有吸引力的空间，而且装修费用不是很高，完全在业主

Classic
mojito
muddle 8+
MINT LEAVES
2TBSP
LIME JUICE
ADD 2OZ. WHITE RUM
& ice
SHAKE
ENJOY

的承受范围内。如果你认为这间阁楼小屋适合时尚的人来住，那么抱歉，现在住在这里的是一对非常优雅的夫妇，他们很喜欢这里的明亮布局，不喜欢摆放各种科技产品。

人们像往常一样通过一段走廊进入客厅，客厅只有几平方米，与厨房相连。为了打破非常局限的空间感，设计师将不必要的区域进行了拆除，并采取了利用地板、家具和墙面来界定区域策略。厨房采用了液压马赛克瓷砖来装饰，可以在视觉上增加建筑空间的长度，同时使用了耐磨低维护的地板，并且色彩上与卧室和客厅的墙面上喷涂的颜色相搭配。

餐厅采用了实木餐桌，还可以作为厨房岛，上面放置了陶瓷涂层的刀架，周围摆放着四把椅子。餐厅连接了厨房和客厅，并通过黑色的喷绘墙面设置了各区域之间界限，这里也可以作为非正式的记事板，或者客人们充分发挥自己想象力的地方。抽油烟机也是一个装饰性的吊灯，你可以在它的下方品尝就在几厘米外烹饪出来的菜肴，而且你只需要伸出一只手臂就可以从冰箱里拿到啤酒。从更实际的角度来看，这个厨房的设计完全是为了适应日常生活的便利性和愉悦性，可以在这里举办各种聚会，或者愉快地聊天。

餐厅的对面是客厅，地面铺设的是具有年代感的橡木效果的乙烯地板，与右侧裸露的石墙面和左侧的灰蓝色墙面非常和谐地搭配在一起，整体上呈现了一种现代前沿的设计感。地板上铺了一块波斯风格的地毯，旁边设置了扶手椅、沙发、茶几和视听控制台，打造了一个非常舒适的区域，适合两人在这里阅读，播放着背景音乐与朋友谈心等。这里的装饰体现了折中主义，结合了不同的纹理和颜色，比较中性色彩的木材、石头以及柳条等时髦的元素，使整个环境更加融洽。

私密的区域包括一间设计独特的浴室，可以卧室和公共区域共用。它位于楼梯底部，低矮倾斜的天花板限制了空间，这就意味着要最大限度地利用每一平方厘米的空间。因此，为了提升空间感，设计师选择了一种膨胀的、超白的、适合潮湿房间的瓷砖来装饰空间，明亮的色彩和线条使空间有一种透视感，看上去更有深度。浴室采用了玻璃淋浴屏，墙壁上悬挂着一面圆形的镜子，结合一些可悬挂的浴室小家具，使整个空间的布置显得非常轻盈、洁净且舒适。

主卧室紧临浴室，空间尺寸可以容纳一张双人床，床头的彩色墙面作为床头板，从下面的暗橙色到上面与天花板连接的地方转变为蓝灰色。床的对面设置了一个白色板材的大衣橱，与周围的墙壁融为一体，里面悬挂着年轻租户们的时尚鲜艳的衣服。床的侧面也设置了一个储物空间，可以摆放一些装饰品，使整个空间更加温馨并具有个性化。旁边还有一个大窗户，木制的窗户边框都涂成了白色，可以区别于铝合金窗户，自然光照进来，可以使空间显得更加宽敞明亮。

另外还有一间单人间的小卧室，床右侧的墙面采用了同样的色彩方案，但是这次使用的是深黄色到白色的渐变。床头方向设计了几阶楼梯，可以作为床头几，楼梯通向一个小的更衣室，里面还设置了一个带阳台的学习区，阳台位于较高的位置，这个空间的设计非常独特，充分展现了设计师对小空间最大限度地利用。

简而言之，对这间房屋的装修改造，家具和风格的选择，都是为了迎合年轻人的品位。这也是一次利用有限的装修费用精心打造出租屋的完美尝试。虽然费用很低，但是也保证了装修的品质，保证了空间的美感和功能性。

LIVE...
LAUGH...
LOVE...
dixie

50 m² ~ 60 m²

色彩空间

——利用木制橱柜分隔空间，打造隐秘储藏空间，创造一个干净而丰富多彩，现代而温馨的家居空间

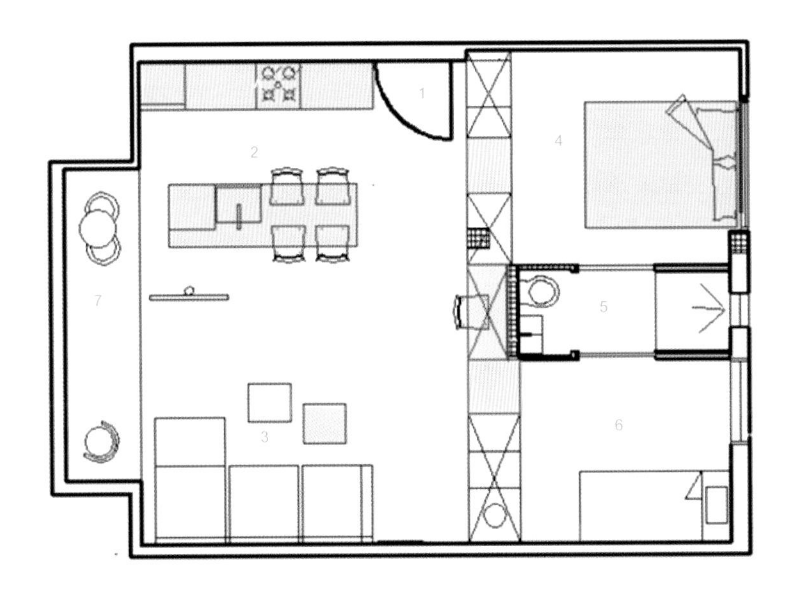

平面图
1. 入口
2. 厨房和餐厅
3. 客厅
4. 主卧
5. 浴室
6. 次卧
7. 阳台

项目地点：以色列，特拉维夫
完成时间：2015 年
项目面积： 55 平方米
设计公司：阿米尔那翁工作室，玛雅室内设计
摄影：吉东·利夫尼（181 建筑摄影）
主材：木材、水泥

设计背景

这套公寓位于特拉维夫市中心最繁华的地方，面积只有 55 平方米。设计师将原本破旧不堪的空间改造成了一个现代化的两居室公寓，还有一个阳台，可以俯瞰郁郁葱葱的美丽景色。

该建筑是典型的特拉维夫老建筑，大约有 60 年的历史。它坐落在一条安静的小街道上，靠近巴扎尔广场，这是城市中心最有声望的地方之一，在绿树掩映下，可以欣赏这座城市的景观。这套公寓需要彻底翻新。这种布局是典型的以色列老式公寓，意味着所有的东西都是封闭的——小而封闭的厨房、封闭的阳台等。此外，所有的基础设施都很陈旧。

设计理念

空间

空间中只打造了两面很小的墙，还利用一些木制家具来分割空间，同时隐藏了所有的电子设备和其他设备。几乎每一件物品，从客厅的桌子和架子到卧室的床和抽屉，都是设计师亲自设计和制作的，每一平方米都经过精心规划，包括“秘密”的储藏空间。

使用橱柜而不是实际的墙壁来分割空间，主要有两个原因。首先是节省空间。公寓很小，每一平方米都很重要。设计师想要提供尽可能多的存储空间，同时可以节省常规墙壁所需的 10 厘米宽度。其次，设计的目标是打造令人印象深刻的光滑表面，提供不同的外观和体验(游客在穿过公寓时需要触摸和感受墙壁)，创造一个健康的外观——位于橱柜隔墙中间的工作区也是木工定制的。虽然采用了不同的颜色，但纹理和材料是一样的，使其成为房间中的一个固定单元，而不是像一个嵌入墙壁的“壁龛”一样使用其他材料。

客厅

这样设计还有一个好处是可以在客厅区域非常方便地打开存储空间。所有的通信电子设备(DVD 等)都可以放置在壁橱里，同时可以在客厅随时取放。橱柜上带有圆孔的地方是可以打开的，这里是放置设备的地方，有利于散热。此外，洗衣机和烘干机位于橱柜的尽头，虽然你不知道在哪位置，但只需点击一下就可以打开。

阳台

对于打造开放阳台还是将阳台区域作为生活空间的一部分，这是一个两难的选择。最后决定将它作为一个真实的、开放的阳台，因为可以欣赏户外美丽的风景。

厨房

除了上面描述的储藏柜，内置工作区和构造柱提供了不可见的储藏空间，还在厨房里打造了一个这样的内嵌结构，厨房旁边有一根柱子，设计师将柱子藏在了小办公区的橱柜里。为了不浪费一平方米的空间，设计师将这些打造成了储藏架，并将其隐藏在光滑的木制结构里面。厨房的背景墙表面看起来很光滑，但只要按压其中一部分就可以被打开。同样，当一个人坐在工作空间里，只要按压旁边的区域，就会看到原来的水泥柱子和打造的储物架。

卧室和浴室

设计主要的挑战是创建正确的空间分割。打造了两间卧室，浴室位于它们之间——这里没有打造走廊或墙壁的空间。卧室和浴室之间使用了大型推拉门——这里采用了有趣的色彩，创造了开放通风的感觉。浴室是经过精心设计的，每个单元都是定制的（如洗手池底座和上面的储物空间），以便最大化地利用所有可能的空间。

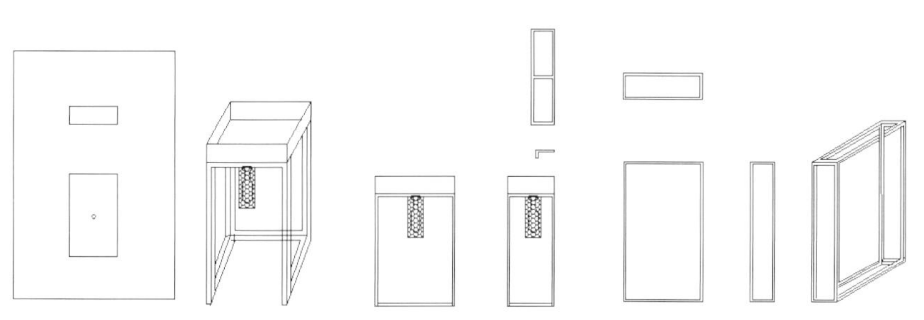

浴室分解图

RTIN
PPEN
RGER
PO
RAIT

家具

大部分家具都是由设计师自己设计的，如主卧室的床和抽屉、厨房岛、挂在次卧裸露砖墙上的亮绿色衣架、客厅的桌子和黑色的折叠搁架。阳台上的绿色椅子实际上是被邻居扔掉的，用在这里创造了一种新与旧的融合。温暖的鱼骨拼花地板与光滑的水泥地面和照明装置的混合设计，共同创造了一个现代温馨的，丰富多彩的空间。

50 m²
~
60 m²

AM 公寓

——现代的室内元素与古典元素在色彩、材质、风格上的对比与互补

平面图
1. 客厅
2. 卧室
3. 厨房和餐厅
4. 浴室

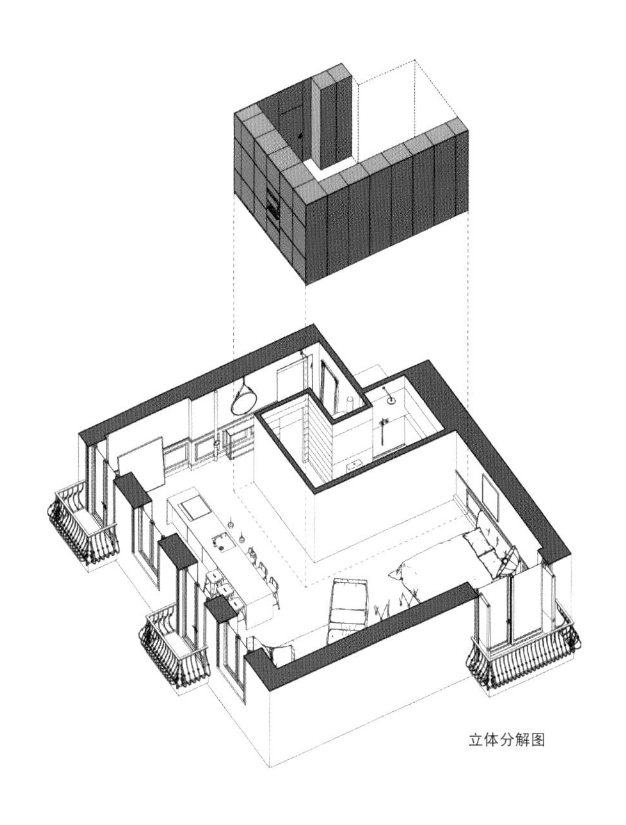

立体分解图

设计背景

该项目位于俄罗斯莫斯科市中心的一栋老旧建筑里，这给设计师的改造设计带来了一定的挑战。

设计理念

公寓的“外壳”是参照法国新古典主义设计的——白色的墙壁、高高的天花板、高高的窗户、拼花地板、石膏飞檐和装饰材料等，白色的墙壁突出了公寓的空间比例和建筑形式的纯粹性。

项目地点：俄罗斯，莫斯科
完成时间：2016 年
设计公司：INT2 建筑事务所
项目面积：56 平方米
摄影：INT2 建筑事务所
主材：木材、石膏

设计师在空间中打造了一个体现了极简主义的黑盒子，前面提到的这些经典元素都成了它的背景。将所有的技术空间（卫生间、厨房、衣柜）都设置在盒子中。盒子是整个空间的组成中心，其他的主要功能区都位于其周围：4 米长的厨房岛，也可以作为酒吧区；配有真皮躺椅、生物壁炉和投影仪的客厅；卧室以及一个小的工作区。

现代的室内元素在色彩、材质、风格上与古典元素形成对比，同时又相互补充。从而创造了一个健康的而又充满个性化特征的完整建筑空间。

50 ㎡
~
60 ㎡

利沃夫公寓

——利用夹层设计增加空间面积，使用玻璃隔断营造视觉上的通透性

1. 门厅
2. 浴室
3. 衣柜
4. 厨房
5. 餐厅
6. 客厅
7. 卧室
8. 阅读室

原平面图

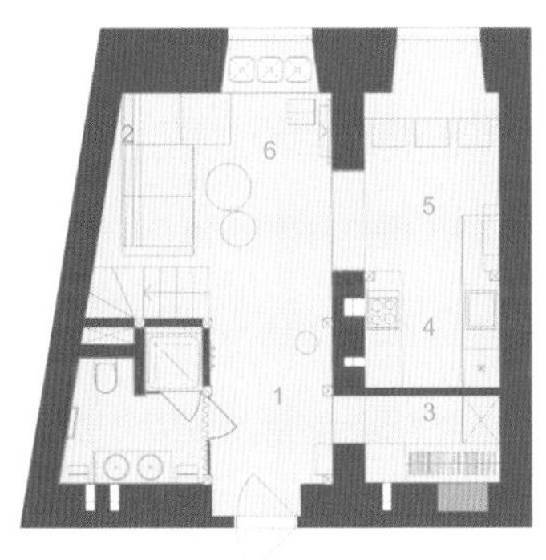

一层平面图

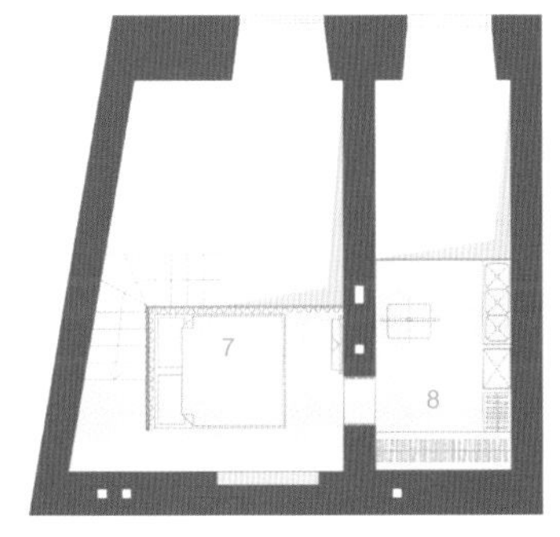

二层平面图

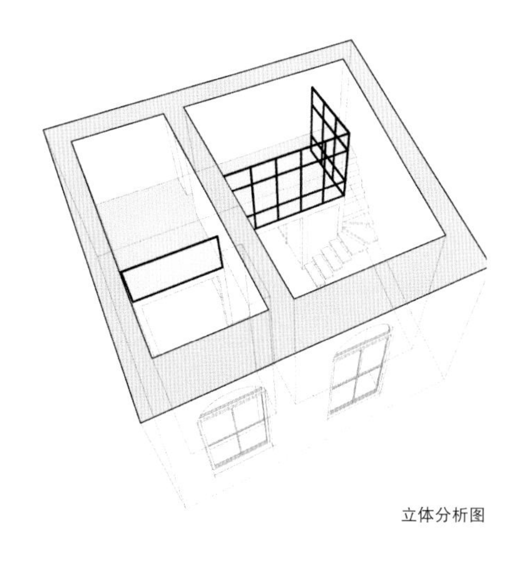

立体分析图

设计背景

该项目是为一对年轻夫妇设计的，所以需要设计一个舒适而又时尚的空间，并且使这个小户型的空间得到最大化地利用。

设计理念

夹层设计可以解决面积小的问题，采用白色和玻璃隔断可以使空间在视觉上显得更大。

一楼是一个比较灵活的区域，在一个独立的开放空间中，包含了门厅、客厅、厨房，还有一个浴室，为了使空间显得宽敞，浴室也采用了玻璃隔断来代替墙壁。

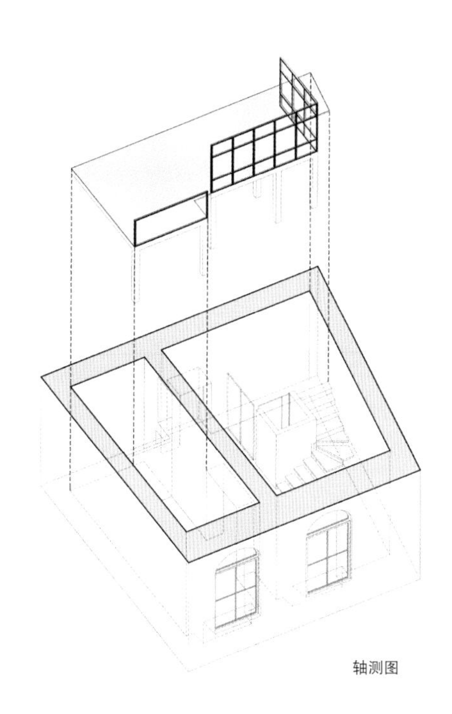

轴测图

项目地点：乌克兰，利沃夫
完成时间：2018 年
项目面积：56.76 平方米
设计公司：OM 苏米尔达设计公司（O. M. SHUMELDA）
主创设计师：奥莎娜・苏米尔达（Oksana Shumelda）
摄影：罗丝・海伦（Ross Hellen）
主材：木材、玻璃

卧室和衣柜以及图书室位于第二层“楼”。这些区域的这种“半层”布局方式可以明显地增加公寓的面积，并打造了私密而舒适的房间氛围。

对于客户来说，保护位于老城区中心公寓的历史价值是很重要的，所以设计师使用了旧的奥地利砖来修复现有的墙壁，并保持其裸露性。而且，设计师想把所有的注意力都集中在可以俯瞰歌剧院的两扇大窗户上。为了最大限度地融入这一景观元素，在休息区打造了一个带有软枕头的宽窗台，另外一个窗台被设置成桌面，可以用作餐桌，或者工作学习的地方。

H●ME: Interior Design and Decorating

小宅空间设计与软装搭配

60 m²

~

70 m²

- 利用回字形走道使空间动线更流畅
- 利用大框架打破视觉比例，扩大空间感
- 利用悬浮楼梯和钢结构打造整合空间
- 通过自由布局，聚焦窗外美景

$60\ m^2$ ~ $70\ m^2$

卡西特调之家

——大胆使用不同的色彩搭配，打造甜而不腻的专属滋味

1. 主卧
2. 衣柜
3. 浴室
4. 卧室或储藏室
5. 餐厅
6. 阳台
7. 厨房
8. 客厅

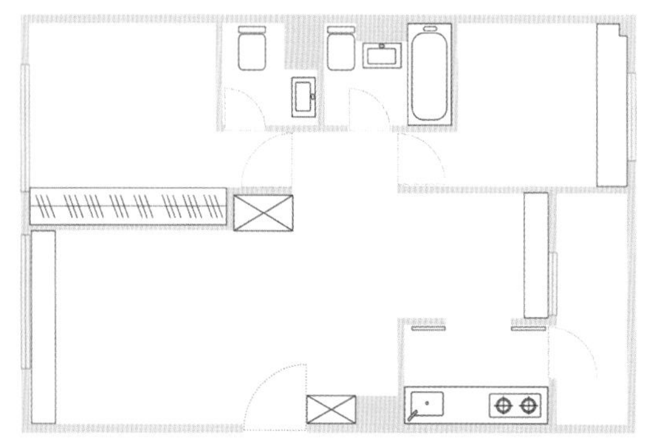

改造前平面图

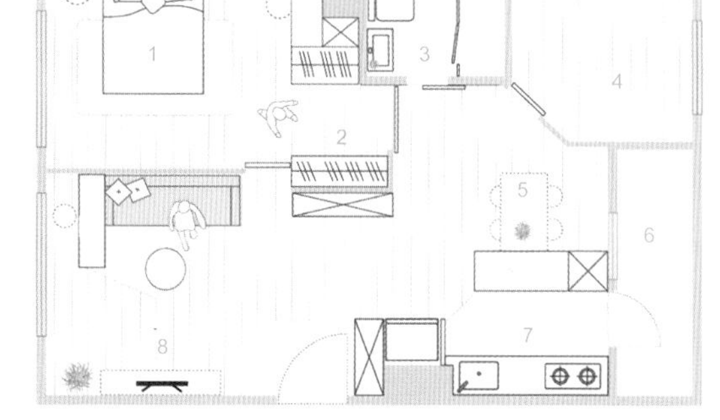

改造后平面图

项目地点：中国，台湾，台北
完成时间：2018 年
项目面积：62.8 平方米
设计公司：一叶蓝朵设计家饰所
主创设计师：林佳娴
摄影：王基守
主要材料：橡木贴皮、松木集层板、黑铁烤漆、冲孔板烤漆、铝窗拉门、人造石、西班牙俪仕瓷釉

设计背景

"若身处在一个全白色的屋子，我可能会崩溃吧！"屋主卡西笑着说。从一开始与设计师的讨论，"红配绿也可以！"就能感受到卡西与老公两人对于居家用色大胆地接受度。因此，设计师前前后后尝试了许多不同的材质与色彩计划，希望能呈现专属于屋主夫妻缤纷又和谐的特调。

KEEP

设计理念

空间

这间位于内湖 62.8 平方米大的 10 年中古屋，原房型为两房两厅两卫，在确定未来成员结构唯屋主两人后，综合夫妻不同的生活习性，设计师打开封闭的一字形厨房，餐桌与女主人梦想的厨房岛相连，收纳柜的规划，让厨房不显凌乱，开放式层架随意摆设都能呈现自然的生活感，这样的料理环境让下厨更为享受。

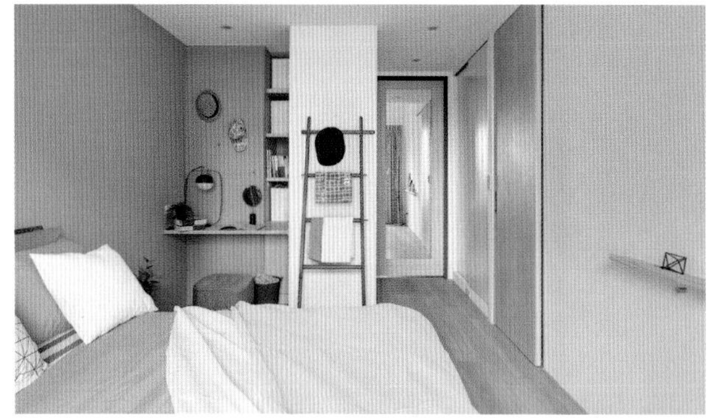

主卧的回字形走道，为整个空间的亮点，不仅让动线更为流畅，也是夫妻俩最喜欢的巧思之一。另外，设计师将两间浴室合并简化成一间，将多出来的区域设置成梳妆台及更衣区，并重置卫浴的摆向，更有效地利用了使用空间。

次卧与浴室相邻，斜角切割的次卧隔间，避免了空间的浪费。将自然光直接引入屋内，暖阳在午后穿透百叶窗，光影交错在地板上。微调后的格局更为精致，不仅放大了原本狭小的餐厨区，也延展了整个视线，有了采光，空间也就舒服了。

色彩

打开主卧房门，映入眼帘的是一面湖水绿的主墙和一个豆沙红色的衣柜。转角走进黄色壁砖与棕色门框相呼应的厨房空间。洗手间的黄色门框又与对角的厨房相呼应着，单面西班牙花砖也让如厕有了芬芳。

缤纷又和谐的组合让空间处处充满惊喜。在定调了各区域特调后，其余空间就以白色及浅色木质来留白，并以少量的黑色点缀，来平衡整个空间的重量。亲友们对于屋子前后的改变以及小平数能有这样的空间感都很赞赏，“应该是设计师很厉害吧！”卡西模仿着爸爸的语气说。

“我喜欢每天被这些色彩环绕，觉得很放松、很舒服，心情很好！”这是专属于卡西与她先生的特调，也是他们梦想中的家。

60 m²
~
70 m²

南希的大公寓

——使用大的框架来打破视觉比例，扩大空间感

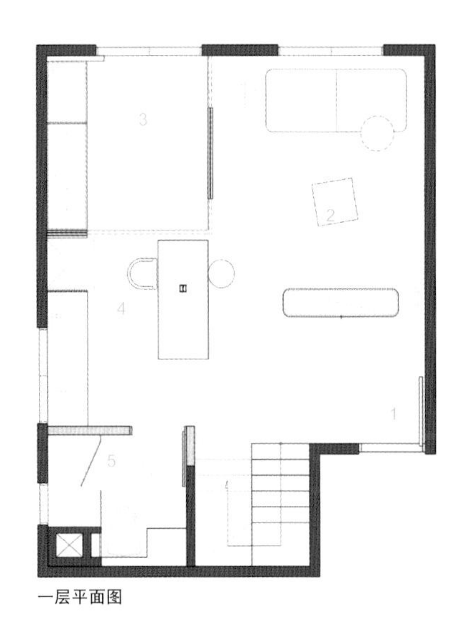

一层平面图

二层平面图

项目地点：中国，台湾，台北
完成时间：2018 年
项目面积：66 平方米
设计公司：In2 设计工作室
主创设计师：俞文浩、孙伟旻
摄影：刘士诚
主材：乐土、烤漆、超耐磨木地板、人造石、磁砖、木皮、铁件

设计背景

这套公寓是为一对年轻的企业家夫妇设计的。电影《亲爱的，我把孩子们缩小了》激发了设计师的灵感，让他们在台北最令人向往、最热闹的商业区中的一间小阁楼里，尝试使用大框架来打破原有的视觉比例，扩大空间感。

设计理念

设计师将这套 66 平方米的公寓改造成了现代优雅的都市住宅。面对有限的天花板高度和较小的楼层空间，设计师采用了大的推拉门、大的木框架、大的开口和大的色块来打破视觉比例，挑战原有的空间感。

打破原来所有的封闭隔断。在入口门厅和客厅之间打造了一个大的鞋柜，同时也作为客厅的电视墙，在它的侧面是餐厅区域。在很少使用的客房使用了滑动门板，打开房门可以让自然光照进厨房和餐厅，打造了一个灵活开放的起居空间。

在餐厅区域设置了一个钢结构的柱子，直通天花板，它既是一个时尚的照明柱，同时又整合了厨房的中央台面和餐桌。天花板较低的区域采用了白色饰面，以扩大空间感。通过不同的材料、隔断和轮廓的外观颜色的渐变来创建空间

结构的层次感。鞋柜和餐桌被架起一定的高度，可以在视觉上给较大的家具赋予一种轻盈感。

将二楼原本封闭的夹层空间拆除，重新定位墙壁的位置，打造了一个 50 厘米宽的悬浮走廊。天花板很低，所以使用了大块的门板，可以在垂直和水平移动路线和视线之间创造一种互动。空间的高度并没有带来压迫感，反而创造了一种舒适开放的空间体验。

60 m² ~ 70 m²

迪亚戈阁楼

——利用钢结构打造夹层和悬浮楼梯增加空间面积

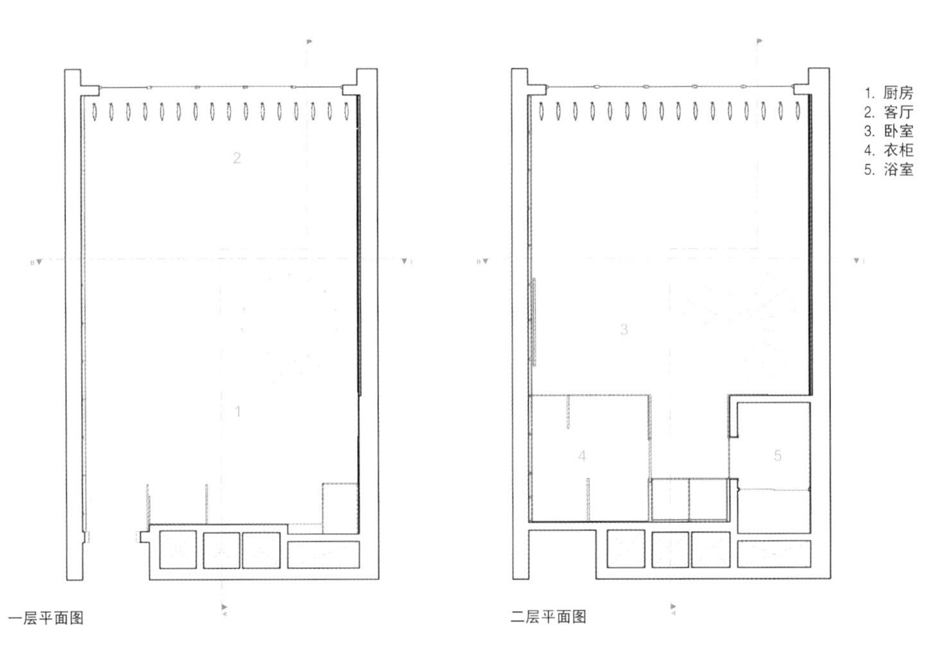

设计背景

项目位于阿雷格里港，客户刚与设计师接触时，正在为这间小阁楼寻找解决方案，他表达了自己要打造一个整合空间的想法。

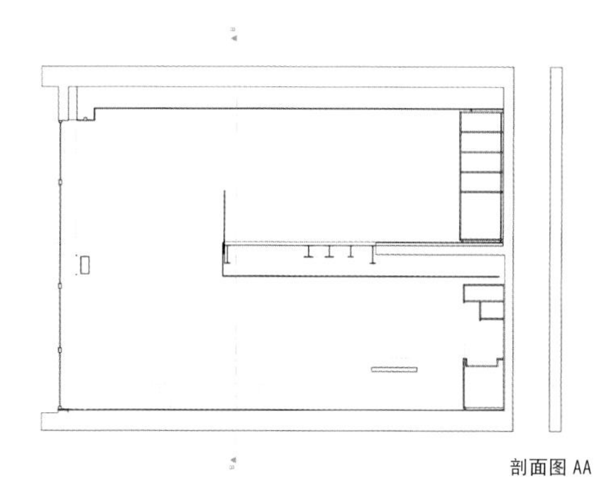

剖面图 AA

项目地点：巴西，阿雷格里港
完成时间：2019 年
项目面积：68 平方米
设计公司：国民建筑事务所（Arquitetura Nacional）
摄影：克里斯蒂·鲍斯（Cristiano Bauce）
主材：水泥砖、碳化木材、混凝土地板

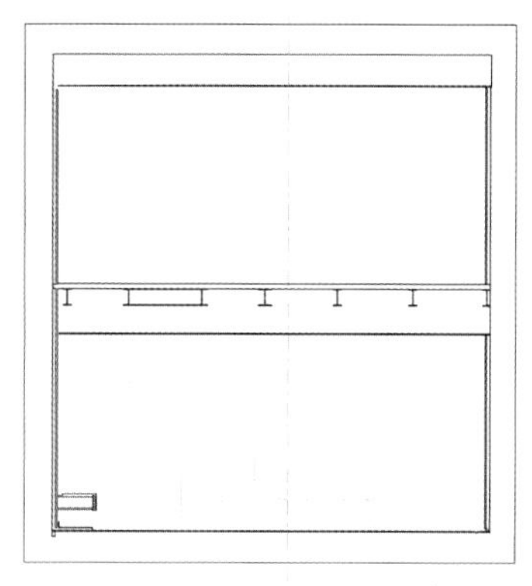

剖面图 BB

设计理念

空间

首要的设计策略是将所有入口楼层区域合并，在项目的中心用螺旋形楼梯取代现有的楼梯，并将洗衣房并入到厨房的木制橱柜中。

夹层的设计使空间扩大了9平方米，为步入式衣帽间创造了空间，同时打造了一个更宽敞更舒适的卧室，并且将这一层的浴室进行维护和翻新。利用钢结构连接着悬浮楼梯和上层结构，并使它不接触下面的地板。

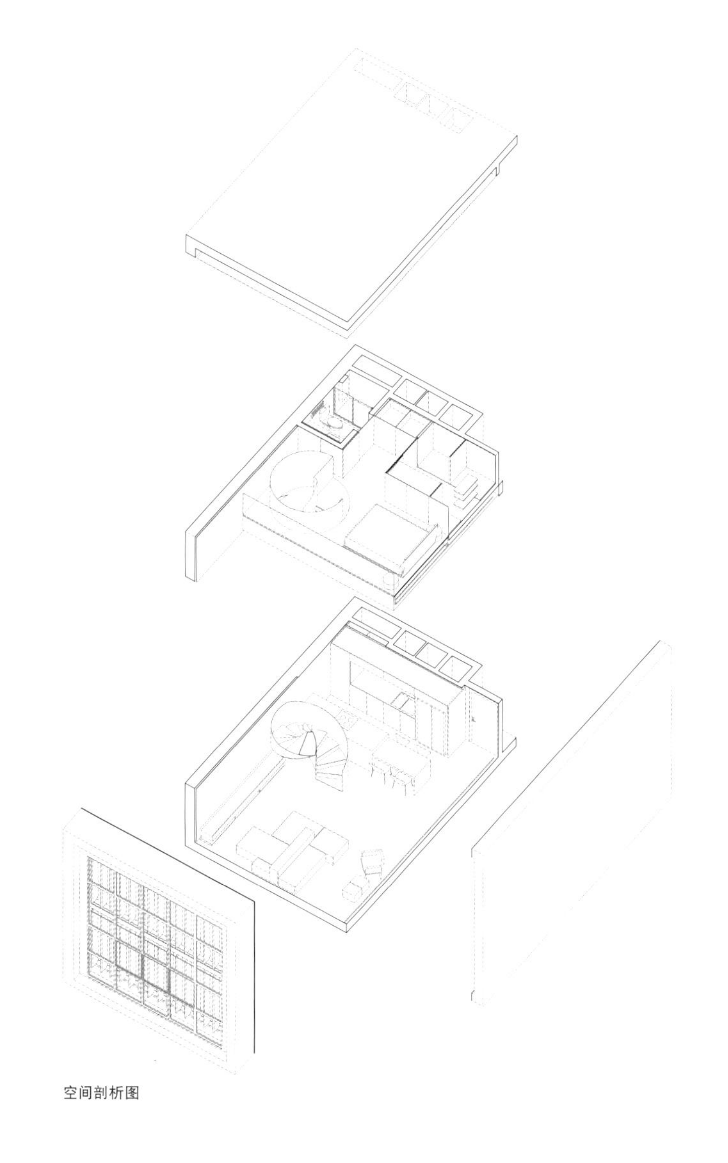

空间剖析图

材料

利用极简主义的材料和色彩相搭配，使空间显得更加宽敞。使用了三个主要的装饰材料，包括水泥砖、碳化木材和混凝土地板。

大大的落地窗上安装了可远程遥控的遮阳板来过滤光线，可以根据业主的需求控制自然光进入房间的效果，同时也可以改变视野。

照明

照明设计增强了建筑效果，突出了最重要的元素，可以根据业主需要创造不同的空间氛围。

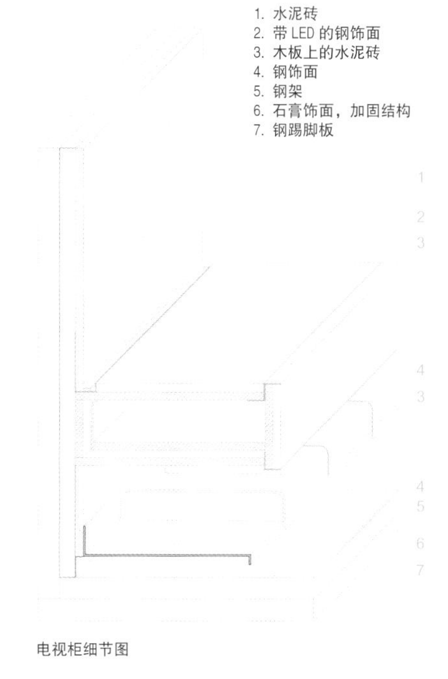

电视柜细节图

家具

家具融合了巴西的设计元素，将两面可用的沙发作为客厅的中心，可以舒服地躺在沙发上看电视。

除了悬浮楼梯，该项目还采用了其他非常规的解决方案。由设计师设计的水泥砖覆盖了整面墙壁和电视机下的抽屉。同时利用碳化木板隐藏了电器设备和住宅自动化系统。

60 m²
~
70 m²

永恒公寓

——设计通过自由布局，聚焦屋外海景，注重舒适性和高品质性

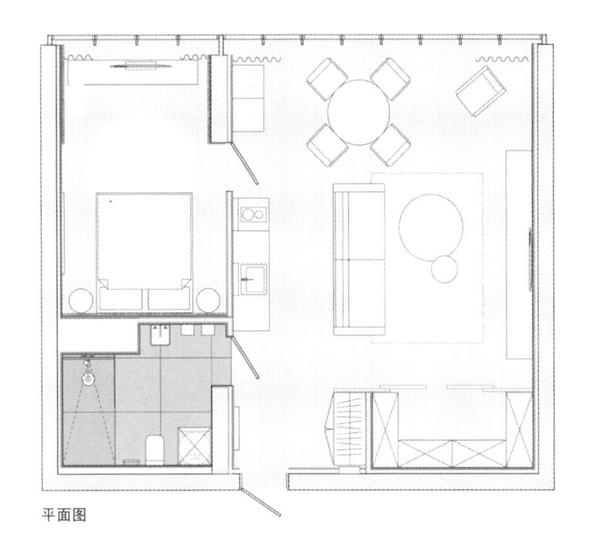

平面图

设计理念

这间 69 平方米的小公寓位于第 22 层。其最初的设计理念秉承了自由的布局方式，并且能够欣赏黑海全景，最近也成了室内设计的参考。设计主要的聚焦点在于窗外的美景，使室内设计作为这幅全景的框架。

项目地点：乌克兰，奥德萨
完成时间：2019 年
项目面积：69 平方米
设计公司：SVOYA 设计工作室
摄影：亚历山大・安琪洛夫斯基（Alexander Angelovsky）
主材：木材

公寓设计的宗旨是为业主创造一个完全放松的生活空间。设计聚焦于舒适性以及所有空间元素的高品质性。

厨房不经常使用，所以设计成开放式厨房，并且只配置了一些必要的设施和元素，其设计也注重了视觉美感。

入口通道直接通向客厅。技术储藏室设置在门外不远处，这样可以节约很多室内空间。设计师还特别设计了一个双开门的更衣室，既美观又节省空间。

室内的家具是按照人体工程学的标准设计的，非常舒适。客厅中央摆放着巴克斯特沙发，划分了功能空间，同时从沙发上还可以看到外面美丽的风景。餐厅家具和灯具的设计中包含了很多辐射状的元素，使其无论在白天还是夜晚看起来都非常独特。

卧室的面积虽然小，但是面朝大海，躺在床上就可以欣赏到窗外的海景。

HOME: Interior Design and Decorating

小宅空间设计与软装搭配

70 m²

~

80 m²

- 利用木制盒子定位空间布局
- 按照“网格系统”合理配置空间线条
- 利用天然材料和简单的线条创造宁静开阔空间
- 利用多种元素混合，创造无序中的有序

70 ㎡
~
80 ㎡

丰特 6 号公寓

——利用蓝色木盒定位空间布局，将新旧元素融入设计中，打造清新明亮的轻奢小公寓

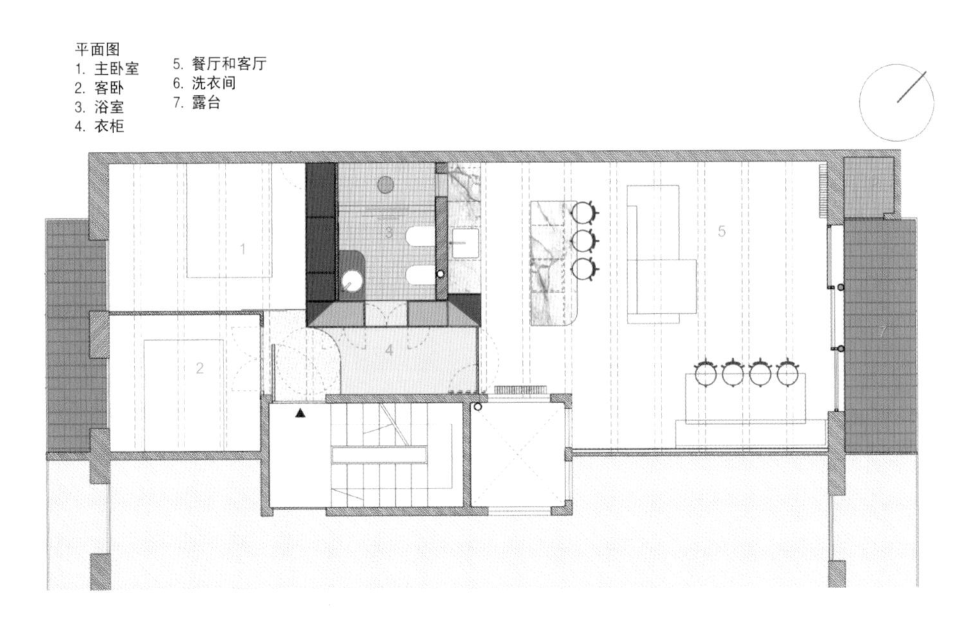

项目地点：西班牙，巴塞罗那
完成时间：2018 年
项目面积：75 平方米
设计公司：CaSA 建筑公司与玛格丽塔赛博里建筑事务所
摄影：罗伯特・鲁伊斯（Roberto Ruiz）
主材：木材、水泥、瓷砖

设计背景

该公寓位于圣家族大教堂附近一个安静的巷子里，这里种着郁郁葱葱的植物。公寓的主人是建筑公司的两位创始人之一安德里亚・瑟波利 (Andrea Serboli)。因此，这次设计成为了一次打造一个公司风格样本的绝佳机会，空间中摆放了大量业主的收藏品，利用有限的预算，打造一个充满回忆的场所。

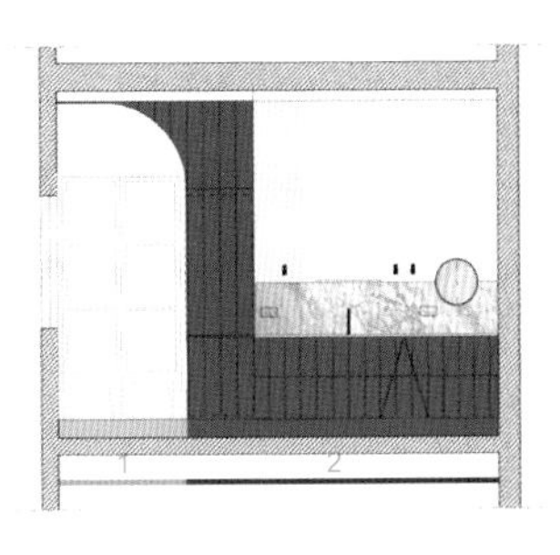

剖面图 DD

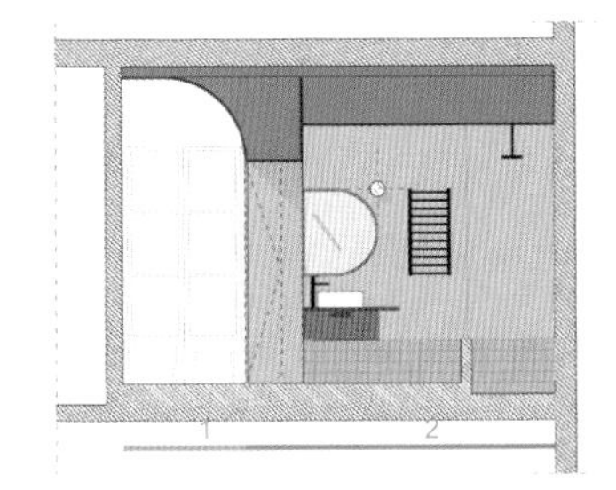

剖面图 EE

1. 衣柜
2. 厨房
3. 浴室
4. 主卧
5. 客厅和餐厅
6. 客卧
7. 入口
8. 露台
9. 洗衣间

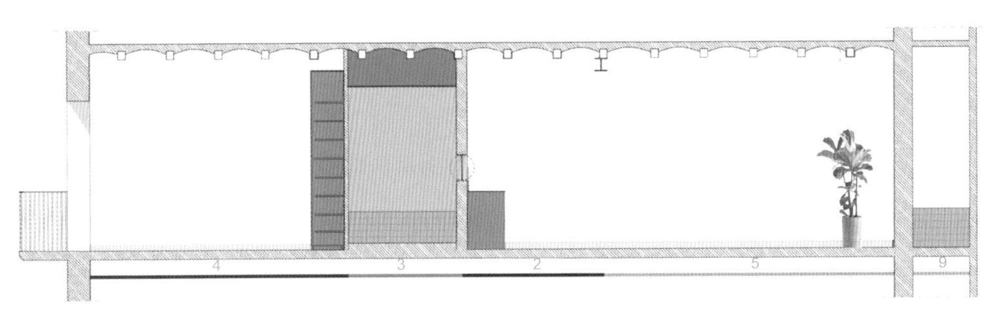

剖面图 CC

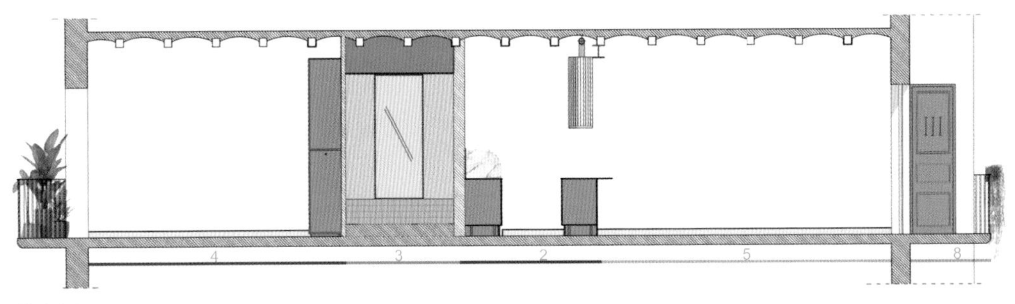

剖面图 BB

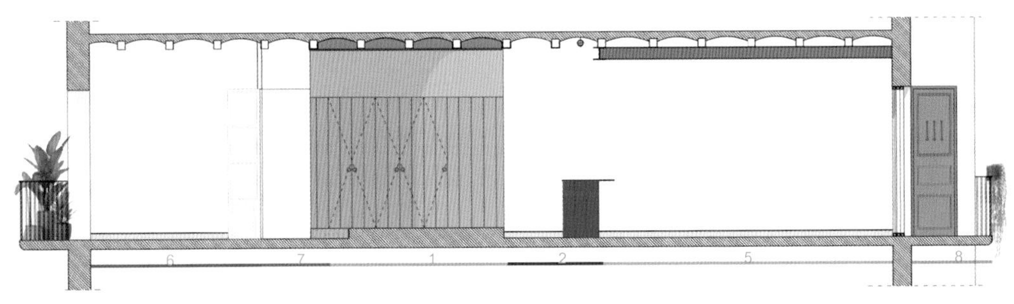

剖面图 AA

设计理念

设计的主旨是将这里打造成一个充满生活情趣的安静之所，除了主卧室之外，至少还要有一间客房。最初的布局是利用一系列的隔断将公寓分为六个房间，完全是现代主义的风格。

原来的画室和露台之间用 PVC 窗隔开了，在业主买下这套房子之前，画室的旧窗户就已经不见了。设计的挑战转化为如何将那些留存下来的旧元素融入设计之中，打造一套具有鲜明的时代特征的清新明亮的小公寓。

客厅与阳台

客厅宽敞明亮，通风良好，这都得益于新打造的大落地窗，可以让自然光线照入室内。窗外是一个开放式露台，这里种植着郁郁葱葱的植物，形成一个景观廊道，使原来的空间恢复了生机。

蓝色盒子

该项目总的设计理念是将公寓清空，然后在中间插入一个蓝色喷漆的、中间带有凹槽的木制盒子，并且以一种更具建筑风格的方式重新调整周围的空间。

盒子中的浴室被设计成一个私密而令人放松的空间。它是整个公寓的小密室，入口隐藏在门和壁橱之间。壁橱构成了蓝色盒子的整个外立面，采用半弧形的造型，打造成一个宽敞的走廊，连通卧室和客厅，并以浅蓝色饰面。

盒子中的地面被抬高，可以将厨房和浴室的排水管道隐藏其中。走廊的水泥地面也采用了浅蓝色的饰面，与盒子一侧的颜色相匹配。走廊入口台阶处设计了一条曲线，与原来五彩斑斓的几何形地面相连接。

蓝色盒子的外部采用了带槽纹的镶板，靠近主卧室一侧设有 4 个收纳柜，浅色走廊中设置了大衣柜、技术设备间，同时还隐藏着浴室的房门，最后通向客厅一侧是厨房的碗柜。在客厅和厨房之间还有一个蓝色盒子，这是一个厨房岛，同时也可以作为餐桌，家人在这里享用早餐和晚餐。

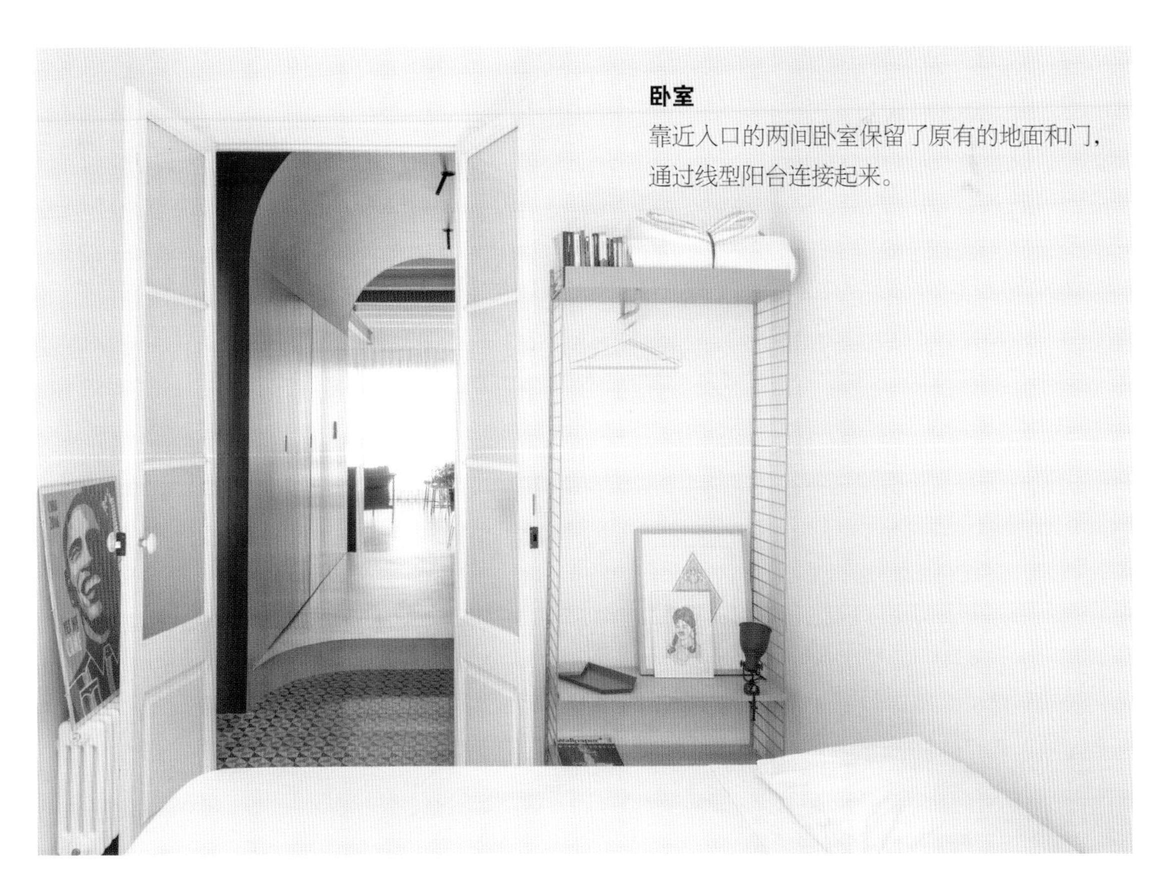

卧室

靠近入口的两间卧室保留了原有的地面和门，通过线型阳台连接起来。

浴室

浴室内部采用了粉红色水泥饰面，这种暖色调与外面的冷色调形成对比，传达了一种到达私密空间的感觉。从隐蔽的房门外面是看不到内部的暖色饰面的。这种温暖的颜色只在客厅的、玻璃窗边和厨房柜台上方有少许的使用，可以创造一种私密感。嵌入式浴缸和淋浴区采用了光学玻璃进行遮挡，边框采用了黑色的亚光材质，与水龙头颜色相匹配。浴室地面采用了方形的灰色瓷砖，并利用瓷砖砌成浴缸，同时也作为淋浴间，空间宽敞，非常舒适。瓷砖填缝采用赤土色，与亚光黑色的水龙头相搭配。浴室还安装了一个定制水槽柜，一面弯曲的镜子，和一个球形灯，共同形成了一个令人放松的空间。

材料和色彩

整个公寓就像一个大容器，在材料方面使用了非常中性的元素和色彩：地面使用了象牙白色的微细水泥。拆除了原来的天花板，修复了拱顶，并涂上了温暖的白色。由这些中性元素共同打造的空间，可以让蓝色盒子脱颖而出。

与蓝色形成鲜明对比的是珊瑚彩绘梁，他们原来是用于加固隔墙的，现在这些隔墙已经被拆除，形成了一个开放的大空间。定制的浴室柜涂上了同样的珊瑚色。位于露台上的洗衣房的门也漆成了珊瑚色、还有露台地面瓷砖也采用了同样的颜色。

在一些元素上恰当地使用一些珍贵的材料，与基础元素相混合，共同创造一种低调的奢华感，并且体现在日常生活的每个细节之中。例如在入口处的一些小的元素上使用了黄铜材料；采用波托贝罗 (Portobello) 大理石作为厨房操作台面、背墙和弧形岛台的台面；所有定制家具都没有安装把手，并进行了喷漆饰面。

70 m²
~
80 m²

罗尼住宅

——按照“网格系统”的设计理念，合理配置空间线条、网格、模块和色彩

平面图

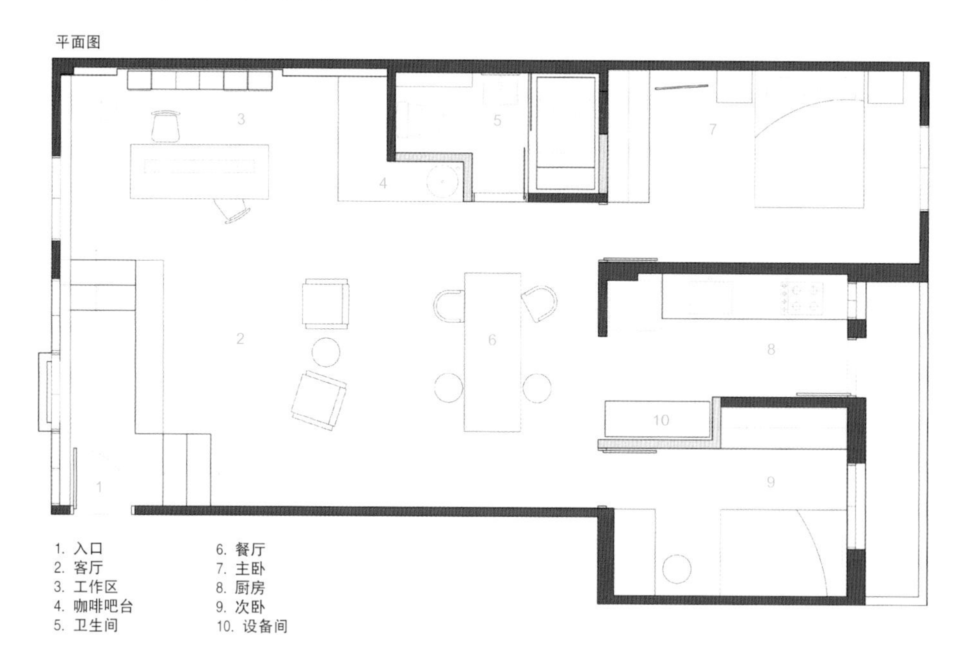

设计背景

“网格系统”是平面设计中排版和设计版面最重要的指导原则之一。这个项目的设计灵感也是来源于此，因为房子的主人是一对年轻的夫妇，他们是平面设计师。

项目地点：中国，台湾，新北市
完成时间：2018 年
项目面积：76 平方米
设计公司：In2 设计工作室（Studio In2）
主创设计师：俞文浩、孙伟旻
摄影：刘士诚
主材：水泥、松木甲板、实木皮、铁件、超耐磨地板、烤漆

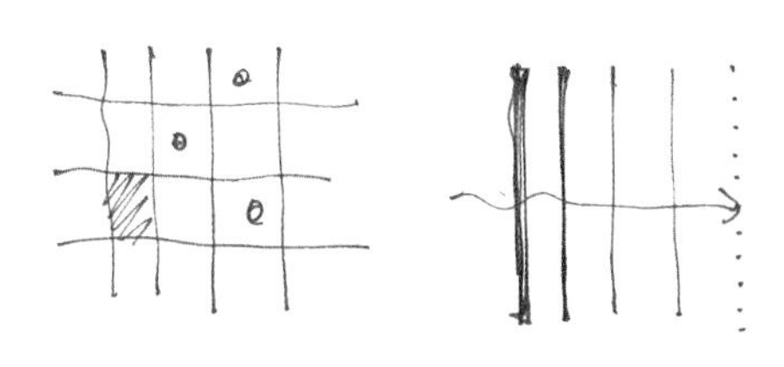

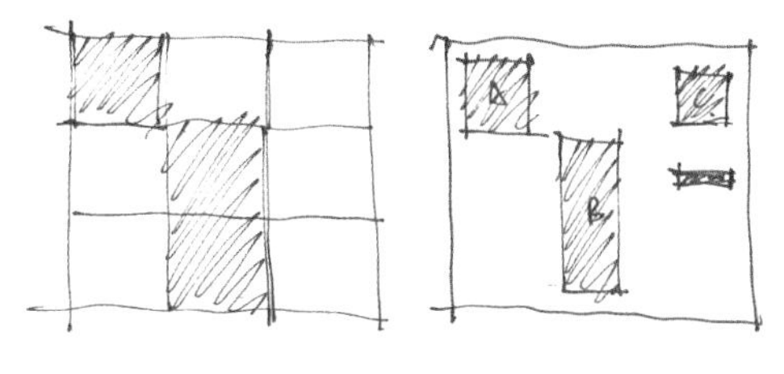

手绘图

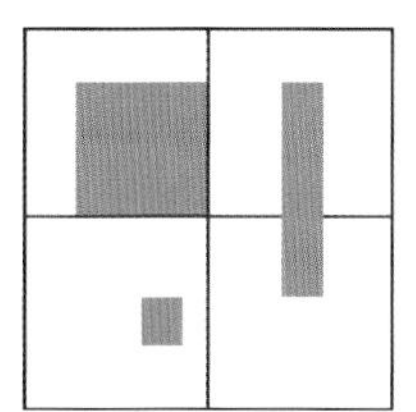

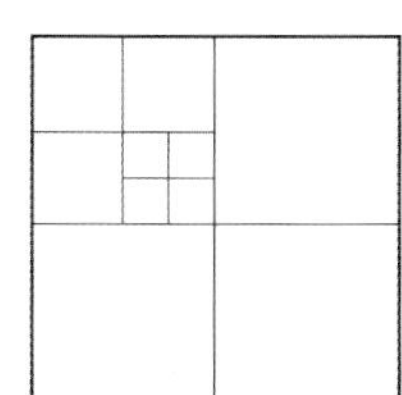

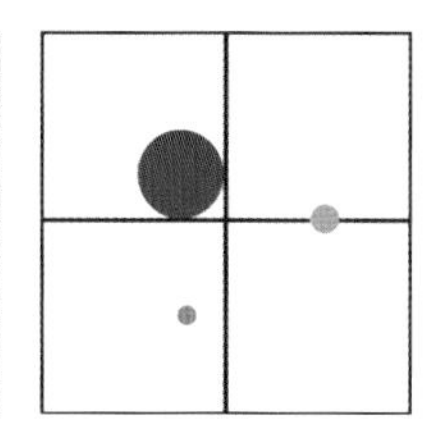

概念图

Contemporary
Minimalist
Spaces

设计理念

这个项目秉承了类似“网格系统”的设计理念，展现了空间的三维立体感。遵循这个设计准则，可以在一个系统的网格框架内将不同数量和颜色按照一定的比例进行配置。因此，这个设计的主要元素包括线条、网格、模块和色彩。

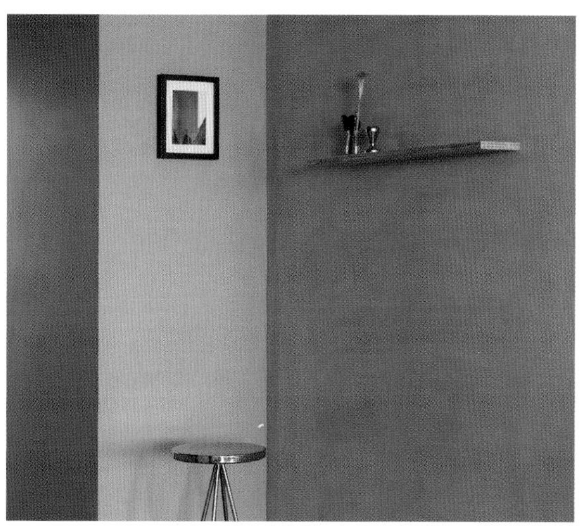

HELL
青春日記

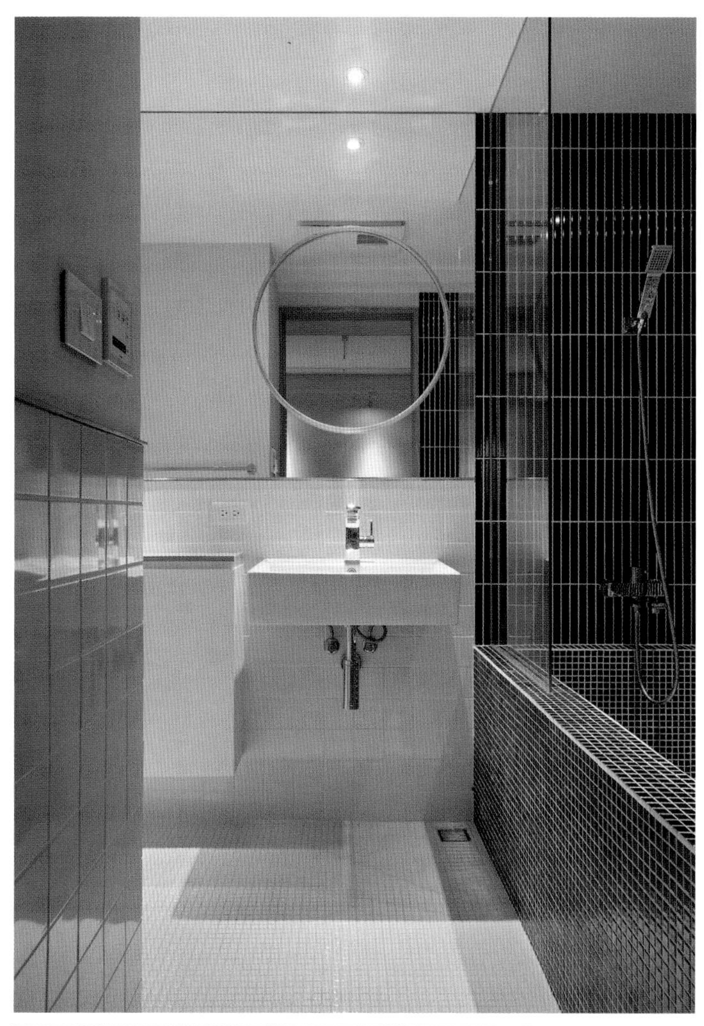

从概念上讲，房屋本身的梁和柱可以被认为是一个“网格系统”，这个可以在空间的图纸上清晰的看出来。而空间中的每个功能区可以被认为是“内容”。通过将不同的色块进行合理配置，可以探索各种在网格系统框架内自由表达设计内容的方法。此外，还可以尝试研究一些独特的配置，以改善空间设计和用户之间的联系和互动。

70 m²
~
80 m²

台北王宅

——使用天然的材料和颜色以及简单的形状和线条，创造出一种宁静的生活氛围

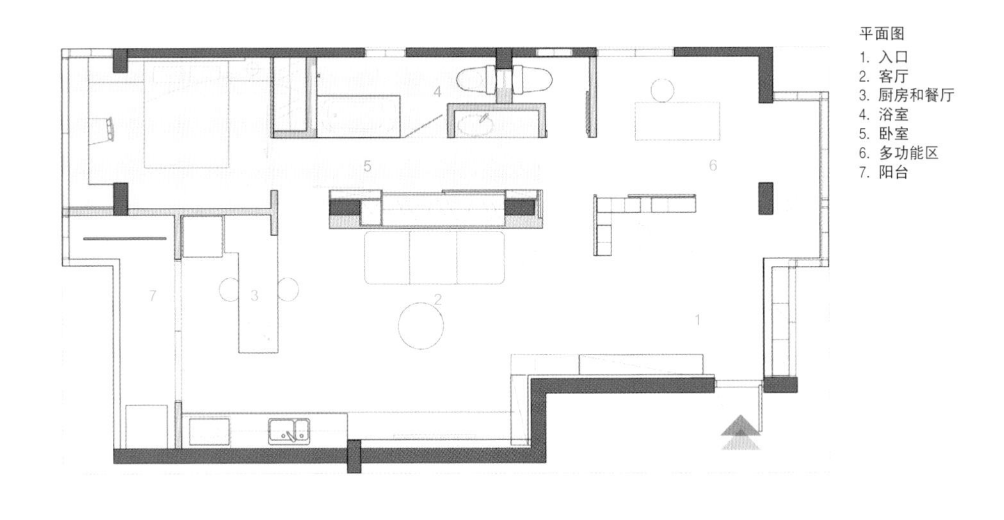

平面图

1. 入口
2. 客厅
3. 厨房和餐厅
4. 浴室
5. 卧室
6. 多功能区
7. 阳台

项目地点：中国，台湾，台北
完成时间：2018 年
项目面积：79 平方米
设计公司：In2 设计工作室（Studio In2）
主创设计师：俞文浩、孙伟旻
摄影：刘士诚
主材：实木皮、优的刚石（无缝地坪）、水泥、不锈钢

设计理念

基于共享的理念，安装了一个水平双面照明系统，从而可以改善多个房间的照明效果。此外，还采用了重叠的方法来实现功能空间共享的理念。该设计理念通过利用合理的空间规划来缓解有限的室内空间。这不仅满足了每个区域的功能需求，还考虑到了这些区域之间的协调与感知空间关系。

空间设计探索了共享与融合的理念，利用交错的图案来表现拉链的形象。具体来说，设计体现了一种可变性，它展现了拉链如何自由地打开和关闭。这个设计理念应用于组织整个建筑空间的循环系统。空间中的私人动线和公共循环动线可以看作是连接公共空间和私人空间的两条长拉链。利用这些路线的多个出口与交叉可以紧密地连接或者完全隔离这两个空间。这不仅满足了建筑的功能需求，而且还利用了建筑原有的空间特征，形成多条环形的循环路线。

采用多种建筑材料和线条，使其具有水平延展性，创造一个可以使视线不受干扰的界面，从而增加了室内空间的感知面积，增强了该区域与自然界之间的共享感。每个入口都安装了双面书架，分隔了公共区域和私人区域，可以看作是拉链的半开合状态，同时创造了交错的流通路线，便于在不同的区域共享空气、风景和光线。除了这些双面书架，还通过安装双面墙来实现私人区域和公共区域的多重功能，双面墙既是衣柜，也是沙发的背墙。背墙墙面是由垂直线条和水平线条的纹理构成，有助于增加整个空间的融合感。

总体上，该空间设计通过使用天然的材料和颜色，以及简单的形状和线条，创造出一种宁静的生活氛围，诠释了简单生活之美。

70 m²
~
80 m²

年轻夫妇的小阁楼

——融合了多种现代风格的混合设计，采取冷色调与暖色调的混合搭配方式

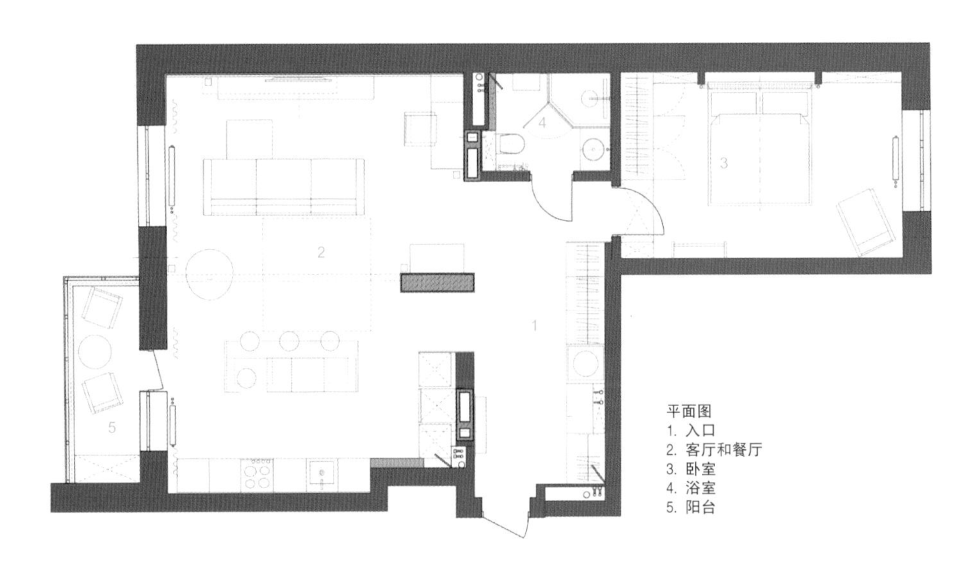

平面图
1. 入口
2. 客厅和餐厅
3. 卧室
4. 浴室
5. 阳台

项目地点：乌克兰，基辅
完成时间：2018 年
项目面积：80 平方米
设计公司：ZA-ZA 室内设计公司
摄影：ZA-ZA 室内设计公司
主材：木材样、砖、混凝土，天然橡木

设计背景

公寓的主人是一对富有创造力的年轻夫妇，他们是热爱电脑游戏的自由职业者。他们还有一个爱好就是养了几只宠物，所以新的室内设计中要考虑为他们打造特定的空间。

设计理念

设计师和业主共同研究决定选择几种现代风格的混合设计。这种方法使室内充满了客户所需的各种元素，从而创造了一种无序中有序的氛围。配色方案采取了冷色调与暖色调的混合方式，背景墙是由暖色的木材、砖和混凝土打造的。阁楼风格的元素(灯具、混凝土天花板、砖)与明亮的色彩和自然的纹理完美地结合在一起。

客厅

客厅的背景墙采用了浅色的天然橡木。地板和家具也采用了同样色彩和纹理的材料。因此，室内的其他元素和色彩看起来更加明亮和突出。厨房区域采用了天蓝色，平衡了整个房间的暖色调。灰色的混凝土天花板是中性的颜色，给室内增添了一种质感。

电视背景墙的砖砌结构与下方简洁的黑色电视柜形成对比。拼贴的瓷砖采用黑白配色，点缀天蓝色，与厨房的主色调相匹配。

吧台与厨房

吧台区摆放着形状、材质和颜色各异的椅子。每一个都有机地融入空间中，不会引起过多的关注。沙发选择了模块型的软沙发。沙发上的织物是两种质地和颜色（灰色和黄色）组成的。沙发套的黄色与厨房的蓝色形成鲜明的对比。厨房区域还有一个突出元素，在吧台上方打造了一个框架，中间有一个明亮的蓝色玻璃灯具。这种设计重复了吧台的不对称风格。

门厅

门厅与厨房相连，因此采取了与厨房一样的配色方案，衣柜的暖木纹理与厨房的蓝色相协调。入口处摆放了一面大镜子，周围设有内置 LED 照明，成功地扩大了空间感。

浴室

浴室的空间很小。它由两种装饰材料组合而成，一种是带有纹理的大块碎石，另一种是带有黑色混凝土纹理的中性瓷砖。瓷砖中混入了砖红色，作为一种突出的色彩。盥洗池和镜框也采用了砖红色，强调了室内色彩的对比。

卧室

卧室最明显的元素是床头板上方的拱形砖墙，砖是中性色调。此外，设计师还选择了模仿旧画上花卉装饰的墙纸，分别贴在拱形砖墙内部和对面的墙上。墙纸的颜色是中性的棕色和蓝色的组合。衣柜采用了光滑的白色饰面，由于其中性的形状和颜色，尽管设置的数量很多，也是看不出来的。

索引

M

玛格丽塔赛博里建筑事务所 (Margherita Serboli Arquitectura)

玛雅室内设计 (Maayan Zusman Interior Design)

O

OM 苏米尔达设计公司（O. M. SHUMELDA）

P

朴居空间设计研究室 (PUJU Design Studio)

S

Sim-Plex 设计工作室

STADT 建筑事务所

SVOYA 设计工作室

上海内田设计公司（uchida shanghai）

T

堂晤设计（TOWOdesign）

X

小川都市建筑设计事务所（Hiroyuki Ogawa Architects Inc）

Y

伊格塞塔设计公司（Egue y Seta）

一叶蓝朵设计家饰所 (A Lentil)

云行空间建筑设计

Z

ZA-ZA 室内设计公司

图书在版编目（CIP）数据

小宅空间设计与软装搭配 / 林揆沛主编．—沈阳：辽宁科学技术出版社，2020.1
ISBN 978-7-5591-1291-0

Ⅰ．①小… Ⅱ．①林… Ⅲ．①住宅—室内装饰设计Ⅳ．①TU241

中国版本图书馆CIP数据核字（2019）第202104号

出版发行：辽宁科学技术出版社
（地址：沈阳市和平区十一纬路25号 邮编：110003）
印 刷 者：上海利丰雅高印刷有限公司
经 销 者：各地新华书店
幅面尺寸：180mm×250mm
印　　张：14
插　　页：4
字　　数：200千字
出版时间：2020年1月第1版
印刷时间：2020年1月第1次印刷
责任编辑：李　红
版式设计：何　萍
责任校对：周　文

书　　号：ISBN 978-7-5591-1291-0
定　　价：128.00元

编辑电话：024-23280070
邮购热线：024-23284502
Email: mandylh@163.com